第二版

小张学电气安全

魏新生　编著

中国电力出版社
CHINA ELECTRIC POWER PRESS

内 容 提 要

　　本书主要介绍了电工工作中必备的电气安全知识。全书共分八章，主要内容包括电气安全技术基本知识、电气安全管理基本知识、家庭电气安全、工矿企业电气安全、公共场所电气安全、电气火灾及预防、雷电与静电、触电急救。

　　本书内容丰富，讲解深入浅出、浅显明了，既可作为初学电工以及每个家庭掌握电气安全知识的良好的入门学习教材，也适合低压电工的学习，同时对家庭的一般安全用电也会给予一定的帮助。

图书在版编目（CIP）数据

　　小张学电气安全/魏新生编著. —2版. —北京：中国电力出版社，2015.10
　　ISBN 978 - 7 - 5123 - 8183 - 4

　　Ⅰ. ①小… Ⅱ. ①魏… Ⅲ. ①电气安全-基本知识 Ⅳ. ①TM08

　　中国版本图书馆 CIP 数据核字（2015）第 200272 号

中国电力出版社出版、发行
（北京市东城区北京站西街 19 号　100005　http://www.cepp.sgcc.com.cn）
航远印刷有限公司印刷
各地新华书店经售

*

2014 年 8 月第一版
2015 年 10 月第二版　2015 年 10 月北京第二次印刷
850 毫米×1168 毫米　32 开本　6.625 印张　164 千字
印数 3001—6000 册　定价 **18.00** 元

敬 告 读 者

电工工种是所有企业、事业单位必需的特殊工种之一。电工作业存在于每个单位甚至每个家庭中，因此做好电工作业的安全普及是每个企业安全管理者、从事电工作业人员乃至全社会必须关注的问题。

社会发展到今天，我们的工作离不开电，我们的生活同样离不开电。电给人们带来方便和效益的同时也带来一定的危害，掌握安全用电常识，熟悉安全用电技术，学会安全用电便是本书作者的初衷。

本书共分八章，第一章主要讲述了电气安全的基本知识，第二章主要介绍了高压电气安全管理方面的内容，第三章介绍与家庭用电有关的安全常识；第四章的主要内容是工矿企业安全用电；第五章着重介绍公共场所的安全电气知识；第六章讲述了电气火灾及其防护方面的知识；第七章讲解防止雷电和静电的危害；第八章介绍了触电急救的知识。

本书作者结合自身扎实的理论基础和丰富的现场实际经验，采用小张与师傅对话的形式，深入浅出地向读者介绍了电气作业的安全知识，特别是通过一些身边发生的电气安全案例进行电气事故分析，并提出了防止类似事故的措施，希望全社会，特别是从事电气作业人员牢固树立电气安全意识，规范电气作业标准，抛弃电气习惯性违章作业的陋习。

由于编者知识水平有限，书中难免存在疏漏之处，希望读者能提出改进的宝贵意见，将不胜感激。

编者

2015 年 8 月

小张学电气安全(第二版)

第七章　雷电与静电

157

小张学电气安全(第二版)

第一章
电气安全技术基本知识

这天一大早刚刚上班，电气车间王主任找到车间安全员刘师傅说："咱们车间新分来几名工人，从今天起，您就先给他们培训电气安全知识。"

第一节　人体触电概述

刘师傅把几个小青年领到车间的安全室，等年轻人坐好了，刘师傅开门见山地说："你们新参加工作，按规定首先要进行安全知识的培训。"还没等刘师傅说完，新工人小张就插话道："昨天晚上，我家邻居没注意触电了，送医院抢救了，什么结果还不知道呢。"刘师傅说："这就是要给你们讲的电气安全问题。"

人体触电的因素

"人体实际上是个导体。"刘师傅首先从人体的触电说起，"当电流流经人体时，人就触电了，流经人体电流的热效应会引起肌体的损伤，这种伤害可以分为两种类型：电伤和电击。

电伤是指由于电流的热效应、化学效应和机械效应对人体的表面造成的伤害，一般无生命危险。电击是指电流流过人体内部，造成人体内部器官的伤害，很容易致人死亡。"

小张听到这里问道："刘师傅，同样都是触电，为什么有轻有重呢?"

刘师傅接着说："触电伤害程度有轻有重的因素有这么几个原因：

1. 电流强度及电流作用时间

流经人体的电流越大，造成的伤害就越重。电流通过人体时，会造成人体麻酥、灼热和疼痛的感觉。按人体对电流的生理反应，可以将电流分为三种。一是感知电流，就是当人触电时电流通过人体使人体能够感觉到触电了，但又不使人体伤害的电流，一般交流电流为 0.5mA，直流电流为 2mA。"

小张惊讶地说："电流这么小，就可以感觉到呀！"

刘师傅接着说："二是摆脱电流，就是人触电后，能靠自主意识摆脱的电流。一般男性为 12mA，女性为 9mA。"

小张又问："男女为什么不同呀？"

刘师傅说："因为男女体质不同，男性人体的电阻值大于女性人体的电阻值。"

刘师傅继续说："三是致命电流，即电流通过人体后能危及生命的电流，一般为 30mA。我这里有个关于电流对人体作用的列表。"说着刘师傅在黑板上画了个表（见表 1-1）。

表 1-1　　　　　　　　电流对人体的作用

电流（mA）	50Hz 交流电	直流电
0.6~1.5	手指开始感觉发麻	无感觉
2~3	手指感受觉强烈发麻	无感觉
5~7	手指肌肉感觉痉挛	手指感灼热和刺痛
8~10	手指关节与手掌感觉痛，手已难以脱离电源，但尚能摆脱电源	灼热感增加
20~25	手指感觉剧痛，迅速麻痹，不能摆脱电源，呼吸困难	灼热感更强，手的肌肉开始痉挛
50~80	呼吸麻痹，心房开始震颤	强烈灼痛，手的肌肉痉挛，呼吸困难
90~100	呼吸麻痹，持续 3min 后或更长时间后，心脏麻痹或心房停止跳动	呼吸麻痹

刘师傅加重口气说："但是，如果电流流经人体的时间比较长，即使电流比较小，也能致死的。也就是说，同样的电流，作用在人体的时间越长，触电对人体的伤害越大。所以我们在平时发生有人触电时，一定要在最短的时间内使触电者脱离电源。"

小张问："那还有什么因素呢？"

2. 人体电阻不同

刘师傅又接着讲道："当人体接触带电体时，人体就被当做电路元件接入回路。人体阻抗通常包括外部阻抗（与触电者当时所穿衣服、鞋袜以及身体的潮湿情况有关，从几千欧～几十兆欧不等）和内部阻抗（与触电者的皮肤阻抗和体内阻抗有关）。人体阻抗不是纯电阻，主要由人体电阻决定。人体电阻也不是一个固定的数值，一般认为干燥的皮肤在低电压下具有相当高的电阻，约 $100k\Omega$。当电压在 $500\sim1000V$ 时，这一电阻便下降为 1000Ω。表皮具有这样高的电阻是因为它没有毛细血管。手指某部位的皮肤还有角质层，角质层的电阻值更高，而不经常摩擦部位的皮肤的电阻值是最小的。皮肤电阻还同人体与导体的接触面积及压力有关。

当表皮受损暴露出真皮时，人体内因布满了输送盐溶液的血管而有很低的电阻。一般认为，接触到真皮里，一只手臂或一条腿的电阻大约为 500Ω。因此，由一只手臂到另一只手臂或由一条腿到另一条腿的通路相当于一只 1000Ω 的电阻。假定一个人用双手紧握一带电体，双脚站在水坑里而形成导电回路，这时人体电阻基本上就是体内电阻约为 500Ω。

在同样的电压下，人体的电阻值越大，流经人体的电流也越小，造成的伤害也越轻。一般情况是男性人体电阻比女性人体电阻大，年长者人体电阻比年轻者人体电阻大，身体强壮者的人体电阻比体弱者人体电阻大。我国人体电阻平均在 1700Ω 左右，人体电阻又分为表皮电阻和体内电阻，而 80% 的人体电阻集中在表皮。

3. 触电时作用于人体的电压

触电时，作用于人体的电压直接关系到流经人体电流的大小，当人体电阻一定时，触电时接触到的电压越高，流经人体的电流就越大，对人体的伤害就越严重。

4. 电流流经的路径

触电时，电流流经人体的路径不同，对人体的伤害也不同，当电流大部分流经心脏时对人体的伤害最重。当触电者遇到跨步电压，电流从两脚通过时，对人体伤害比较小，但是当受害者因痉挛而倒地时，电流会流经全身导致二次伤害，就会导致严重后果。

5. 电流频率的影响

电流的频率不同时，对人体的伤害也随之不同。我这里有个触电频率和死亡率的对应表（见表1-2）。"

表1-2　　　　　触电频率和死亡率对应表

频率（Hz）	10	25	50	60	80	100	120	200	500	1000
死亡率（%）	21	70	95	91	43	34	31	22	14	11

刘师傅指着表1-2接着说："我国使用的工业频率（简称工频）是交流50~60Hz，从表1-2可以看出，该频率对人体的伤害最重。而直流电对人体的伤害相对就比较小。"

刘师傅又接着说道："最后一个影响伤害程度的因素是人体状态的影响。

6. 人体状态的影响

电流作用于人体时，与人的年龄、性别、健康状态都有很大关系。电流一定时男性比女性伤害小，大人比小孩伤害小，身体强壮的人比体弱有病的人伤害小。"

小张听刘师傅介绍了这么多，有点担心地问："刘师傅，这么多因素，我们怎么样才能在触电时，减少伤害呢？"

刘师傅说："那我们首先要了解人体触电的类型和方式。"

人体触电的类型

刘师傅继续说："触电主要有直接接触触电和间接接触触电两种。"

"什么是直接接触触电和间接接触触电？"小张迫不及待地问了一句。

刘师傅接着说："我们首先来看什么是直接接触触电。人体与带电体的直接接触而发生的触电就叫直接接触触电，一般有单相触电和相间触电两种。

单相触电是指人体在地面或接地体上，人体的某一部位触及到某一相带电体而发生的触电。单相触电的危害程度与系统中性点运行方式有关。如图 1-1 所示，中性点直接接地系统发生单相触电时，相电压作用于人体，此时相流经过触电的相线、人体、大地、中性点接地线、中性点形成回路，这个电流远远大于30mA，足以使人致命。

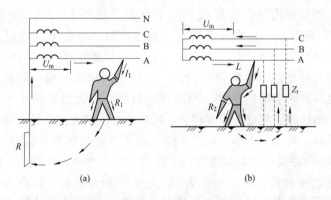

图 1-1 单相触电示意图

(a) 中性点直接接地系统的单相电击；(b) 中性点不接地系统的单相电击

5

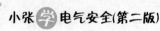

图 1-2 相间触电示意图

如图 1-2 所示，人体同时接触到带电设备的其中两相，就是相间触电。相间触电时，作用于人体的是线电压，线电流经过人体与触电的两相形成回路。在与单相触电相同的情况下，这个经过人体的电流是单相触电电流 $\sqrt{3}$ 倍，更容易使人致命。"

小张接着问道："刘师傅，人体直接碰到有电的部位触电，是直接接触触电，这很好理解，那间接接触触电呢？"

刘师傅耐心地说："间接接触，不要理解为隔着东西接触。可以这样理解，就是设备原来不应该有电的部位，人体可以正常接触，但是由于设备绝缘损坏，使得这些部位带了电，与大地之间有了电压，当人体再与这些部位接触时，就会发生的触电。"

刘师傅说完，看了一下小张，见小张满疑惑，又接着说："它包含了跨步电压触电与接触电压触电两类。"

刘师傅边说边在黑板上画了个图（见图 1-3），继续说："你们看图 1-3，当设备发生接地故障时，故障电流通过设备接地体向大地作半球形散开，在接地点周围形成不同电位，当人体在接地故障点附近行走时，两脚之间出现的电位差就是跨步电压。跨步电压的大小与离接地故障点的远近和跨步大小有关，离故障点越近及跨步越大，则跨步电压越大。由于人体的体格差异，跨步大小不一，为了统一跨步电压的标准，我国规定：以 0.8m 距离间的电位差为这个距离的跨步电压。经测定，距故障点 20m 的地方跨步电压为零。安全规程也规定：设备发生接地故障或带电导线落地时，室外工作人员不得接近故障点 8m，室内不得接近故障点 4m；工作需要必须进入时要穿绝缘鞋，戴绝缘手套。"

小张看着图1-3问道:"刘师傅,那如果我就在设备附近,设备发生了接地故障,我应该怎么办?"

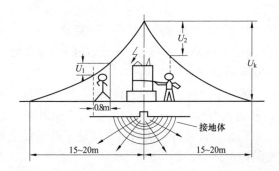

图1-3 接地电流的散流场、地面电位分布示意图

U_k—接地短路电压;U_1—跨步电压;U_2—接触电压

刘师傅笑了笑说:"看来小张很用心,如果设备发生接地故障时,而你又正在这个范围内,那么一定不要惊慌,更不能跑动,迅速两脚并拢站立或单脚跳出这个距离范围即可。"

"下面我再解释一下接触电压触电。"刘师傅接着说,"接触电压就是设备绝缘损坏时,人体同时触及该设备两个部位之间出现的电位差。例如,人站在接地故障设备旁边,手触及了设备金属外壳,则人手与脚之间出现的电位差,即为接触电压。具体说,一台电动机,平时外壳是不带电的,我们经常擦拭或接触,一旦内部绝缘损坏,电动机外壳带了电,我们再接触电动机的外壳就会触电,这就是接触电压触电。"

 防止人体触电的措施

小张听了人体触电的因素后问道:"刘师傅,那我们平时怎样防止人身触电呢?"

刘师傅说:"根据前面讲到的人体触电的因素,一般可以采取两大类防护:

(1) 对直接触电的防护。

1) 对正常带电导体加隔离遮栏或加保护罩，例如，对于开关柜就必须有隔离栅栏，另外特别是老式的胶盖刀开关，其保护罩也必须完整。

2) 工作时与带电设备保持足够的安全距离。

3) 对必须使用移动式的电器，特别是照明电器时，电器的工作电压一定要符合安全电压。

(2) 对间接触电的防护。对正常不带电而故障时可出现危险电压的设备外露可导电部分（例如设备的金属外壳、基础、构架、框架、电缆金属外皮等）进行可靠接地，并装设接地故障保护，当发生故障时用以切断电源。"

"刘师傅，刚才您提到了使用移动式的电器特别是照明电器时要使用安全电压，这个安全电压是怎么回事？"

"哦，是这样的。"刘师傅又耐心解释，"安全电压就是触电时不致使人直接致命或致残的电压。安全电压应满足以下三个条件：①标称电压不超过交流 50V、直流 120V；②由安全隔离变压器供电；③安全电压电路与供电电路及大地隔离。前面我们已经知道了触电致命电流是 30mA，人体平均电阻是 1700Ω，它们的乘积就是安全电压值，大约 50V。我们取一个更安全的系数，把交流安全电压规定为 42、36、12V 和 6V。同时也规定了直流安全电压的上限为 120V。"

没等刘师傅说完，小张就急忙问道："刘师傅，安全电流只有 1 个，为什么安全电压有 4 个？"

刘师傅接着说："因为不同的工作环境中，触电的概率和危害不同，为了保证在任何情况下万一发生人身触电事故时，人体的触电电流不大于 30mA，所以就有了不同的安全电压。比如，一般的工作环境使用手持电动工具，可以使用 42V 的安全电压；而在矿井、多导电粉尘的工作环境，使用的行灯就要使用 36V 的安全电压；在潮湿的电缆沟里，使用行灯就要使用 12V 安全电压；特别是在淌水的环境里，使用的手持电动工具或行灯就一定要用 6V 的安全电压。如果我们在使用安全电压的时候，不用交流电源而改用直流电源，那么就大大提高了安全系数。"

小张听到这里不禁点点头。同时也向刘师傅问道："刘师傅，刚才您在讲防止触电的措施中还提到一个对防止间接触电的措施是将设备有关部位接地，这是怎么回事？"

1. 接地保护

"我们首先了解一些接地的基本常识，所谓接地，就是把设备的某一部分通过接地装置同大地紧密连接在一起。埋在地下的金属导体，称为接地体。连接接地体和设备的导线，称为接地线。接地线在电气设备正常运行时是没有电流通过的，只有电气设备出现某种故障时才会有接地故障电流。接地线和接地体组成了设备的接地装置。到目前为止，接地仍然是应用最广泛的并且无法用其他方法替代的电气安全措施之一。不管是电气设备还是电子设备、生产用设备还是生活用设备，不管是直流设备还是交流设备、固定式设备还是移动式设备、高压设备还是低压设备，也不管是发电厂还是用电户，都采用不同方式、不同用途的接地措施来保障设备的正常运行或是它们的安全。

2. 接地的分类

（1）工作接地。为保证用电设备安全运行，将电力系统中的变压器低压侧中性点接地，称为工作接地。

（2）保护接地。将电动机、变压器等电气设备的金属外壳及与外壳相连的金属构架，通过接地装置与大地连接起来，称为保护接地。保护接地适用于中性点不接地的低压电网。

（3）重复接地。三相四线制的零线在多于一处经接地装置与大地再次连接的情况称为重复接地。对 1kV 以下的接零系统，重复接地的接地电阻应不大于 10Ω。

（4）防雷接地。为了防止电气设备和建筑物因遭受雷击而受损，将避雷针、避雷线、避雷器等防雷设备进行接地，称为防雷接地。

（5）共同接地。在接地保护系统中，将接地干线或分支线多点与接地装置连接，称为共同接地。

（6）其他接地。为了消除雷击或过电压的危险影响而设置的接地称为过电压保护接地。为了消除生产过程中产生的静电而设置的接地称为防静电接地。为了防止电磁感应而对电力设备的金属外壳、屏蔽罩、屏蔽线的外皮或建筑物金属屏蔽体等进行的接地称为屏蔽接地。"

3. 接地类型

刘师傅又说："我们刚才讲了接地的分类有许多种类型，但是设备的接地可以分为分为工作接地和保护接地两大类。工作接地，例如三相变压器中性点的接地、避雷器的接地、三相变压器中性点的接地，是为了维持三相系统相线对地电压的不变。而避雷器的接地就是为了对地泄放雷电流，达到电气设备防雷的目的。"

小张又问道："那什么是保护接地呢？"

刘师傅接着说："保护接地就是为保障人身安全，防止发生间接接触触电事故而将设备外壳的金属部分接地。如图 1-4 所示，其中图 1-4（a）是设备没有经过保护接地，一旦发生设备绝缘损坏外壳带电，就会危及人员生命安全；图 1-4（b）中设备经过了保护接地，即使发生了绝缘损坏，设备外壳带电也会由于接地保护的作用，不会危及人员安全。保护接地有两种型式：一是将设备的外壳金属部位经各自的接地线分别直接接地，如图 1-5所示；二是设备的外壳金属部位经公共的 PE 线（TN-S系统，常称三相五线制系统）或经 PEN 线（TN-C系统，常称三相四线制）接地，这种接地也就是常说的'保护接零'，如图 1-6所示。"

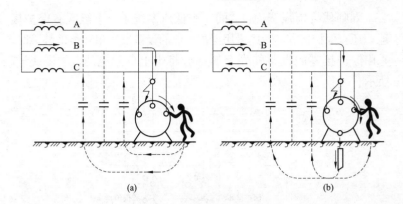

图 1-4 保护接地的作用

(a) 未经过保护接地；(b) 经过保护接地

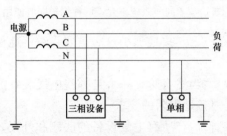

图 1-5 设备外壳接地

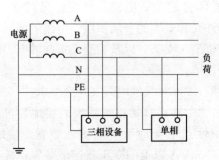

图 1-6 设备的保护接零

刘师傅特别强调说："同一个低压系统中，不能既有保护接地，还有保护接零，否则采用保护接地的设备发生单相接地故障时，采用保护接零的设备外壳金属部分将带上危险电压，如图1-7所示。"

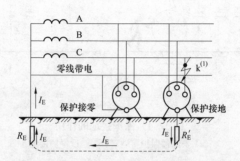

图1-7　同一系统不允许两种保护同时使用

小张接着问道："接地保护这么重要，对接地保护还有什么要求吗？"

刘师傅说："当然有呀，一个是哪些电气装置需要接地或接零，另一个是对接地电阻的要求。"

刘师傅接着说："所有电气设备的底座和外壳，电气设备的传动装置，户内外配电装置的构架，配电、控制、保护用的屏（柜、箱）及操作台的金属底座和外壳，交直流电缆的接头盒、终端头的金属外壳和电缆的金属护层、电缆的金属保护管和穿线钢管，电缆的桥架、支架，以及装有避雷线的电力线路杆塔等部位都需要保护接地。"

小张抢着问："那对接地电阻又什么要求？"

刘师傅说："中性点直接接地系统的接地装置，接地电阻要小于 0.5Ω；中性点不接地系统的接地装置，接地电阻要小于 10Ω；容量在 100kVA 以上的变压器接地装置，接地电阻要小于 4Ω；容量在 100kVA 及以下的变压器接地装置，接地电阻小于 10Ω；独立的避雷针，接地电阻小于 10Ω。"

4．漏电保护

小张又问道："刘师傅前面您还提到了接地故障保护，什么是接地故障保护？"

刘师傅说："接地故障保护主要是指剩余电流动作保护器，俗称漏电保护器。"

"刘师傅，什么是漏电保护？"

"所谓漏电保护，就是指设备的金属外壳或外壳可导电部分由于绝缘老化，或其他原因造成绝缘损坏，而发生漏电和触电事故时，我们采用相关电气设备对漏、触电事故进行断电，以保护人畜的生命安全。

这里说的相关电气设备就是指漏电保护器。漏电保护器简称漏电开关，又叫漏电断路器，主要是用来在设备发生漏电故障时以及对有致命危险的人身触电保护，具有过载和短路保护功能，可用来保护线路或电动机的过载和短路，也可在正常情况下作为线路的不频繁转换启动之用。

漏电保护器按其保护功能、结构特征、安装方式、运行方式、极数和线数、动作灵敏度等有多种分类，今天就主要按其保护功能和用途进行讲解，漏电保护器按其保护功能一般可分为漏电保护继电器、漏电保护开关和漏电保护插座三种。

（1）漏电保护继电器是指具有对漏电流检测和判断的功能，而不具有切断和接通主回路功能的漏电保护装置。漏电保护继电器由零序互感器、脱扣器和输出信号的辅助触点组成，它可与大电流的自动开关配合，作为低压电网的总保护或主干路的漏电、接地或绝缘监视保护。当主回路有漏电流时，由于辅助触点和主回路开关的分离脱扣器串联成一回路，因此辅助触点接通分离脱扣器而断开空气开关、交流接触器等，使其跳闸，切断主回路。辅助触点也可以接通声、光信号装置，发出漏电报警信号，反映线路的绝缘状况。

（2）漏电保护开关是指不仅它与其他断路器一样可将主电路

接通或断开，而且具有对漏电流检测和判断的功能。当主回路中发生漏电或绝缘破坏时，漏电保护开关可根据判断结果将主电路接通或断开。它与熔断器、热继电器配合可构成功能完善的低压开关元件。

目前，漏电保护开关应用最为广泛，例如现在我们家里电气上使用的空气开关。市场上的漏电保护开关根据功能常用的有以下几种类别：

1）只具有漏电保护断电功能，使用时必须与熔断器、热继电器、过流继电器等保护元件配合。

2）同时具有过载保护功能。

3）同时具有过载、短路保护功能。

4）同时具有短路保护功能。

5）同时具有短路、过负荷、漏电、过压、欠压功能。

（3）漏电保护插座是指具有对漏电电流检测和判断并能切断回路的电源插座。其额定电流一般为20A以下，漏电动作电流6～30mA，灵敏度较高，常用于手持式电动工具和移动式电气设备的保护及家庭、学校等民用场所。

漏电保护在低压配电系统中（220、380V）作为直接接触触电保护的补充防护措施，而在基本防护措施失效时，又可成为后备防护。但如何使漏电保护器正常工作，发挥应有的作用，除提高产品质量保证可靠运行外，还与被保护线的质量和漏电保护器的安装方式有很大关系。"

刘师傅说到这里，在黑板上画了一张图，如图1-8所示，接着说："这是漏电保护器工作原理，正常工作时，电路中除了工作电流外没有漏电流通过漏电保护器，此时流过零序互感器（检测互感器）的电流大小相等、方向相反，总和为零，互感器铁芯中感应磁通也等于零，二次绕组无输出，自动开关保持在接通状态，漏电保护器处于正常运行。当被保护电器与线路发生漏电或有人触电时，就有一个接地故障电流，使流过检测互感器内电流量和不为零，互感器铁芯中感应出现磁通，其二次绕组有感应电流产生，经放大后输出，使漏电脱扣器动作推动自动开关跳闸，达到漏电保护的目的。"

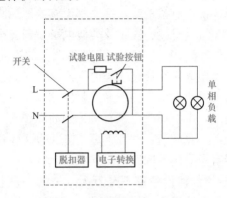

图1-8 漏电保护器工作原理

"刘师傅，如果没有漏电保护器时，会产生很严重的后果吗？"小张怀疑地问道。

"应该安装漏电保护器的设备，如果没有很好地安装漏电保护器，一旦发生绝缘损坏漏电事故，很容易产生很严重的后果，以前曾经发生过这样一个案例：一学生与同学去KTV唱歌，在唱歌的过程中，话筒漏电结果导致这名学生感电身亡。这样的例子并不是个例，在全国多地都发生过在KTV唱歌时，话筒漏电感电造成伤亡事故。"

"刘师傅，话筒怎么会漏电呢？"

"这个事故发生的原因有这么几个：

（1）就是KTV的设备没有做成Ⅰ类设备，也就是说，KTV设备应该有接地线并且电源线插头应该有接地插脚，可是没有。这样，当设备发生接地事故或漏电时，危险的电压就可能传导到话筒线上。如果此时人握着话筒，就非常危险，因为人被电击以后，手和胳膊的肌肉是收缩的，越攥越紧，难以摆脱。

（2）在发生事故时低压电气系统的保护开关没有及时断开。"

"那连唱歌的话筒也要接地呀！"小张惊讶地说道。

"现在，在我们的生活中，一些电子设备经常是这样，如DVD机、有线电视机顶盒、有些笔记本电脑的电源适配器，这些设备的电源线都没有接地线，插头都没有接地插脚。这是不符合 GB 8898—2001《音频、视频及类似电子设备安全要求》以及GB/T 17045—2008《电击防护　装置和设备的通用部分》的要求的。因此，希望大家在使用这类电气产品时应该注意，只要是金属外壳或有外露金属部件的产品，就应该属于Ⅰ类产品，电源线应该有接地线，电源插头应该有接地的插脚。"

听到这些，小张问道："刘师傅，您讲的这些我知道了，那么漏电保护器有没有出现问题的时候？"

刘师傅说："任何设备都不是万无一失的，漏电保护器工作原理虽然比较简单，但在实际使用中会出现这样或那样的错误，造成不必要的误动或拒动，下面介绍一下常见的几个实例。

图 1-9 是因安装人员的不规范接线，将该插座的零线 N 端子误连接在保护接地（PE）端子上，如图 1-9 中（b）所示。当使用该插座时，电流不经过零线而经过保护接地线返回电源，造成漏电保护器动作，正确接线方法如图 1-9（a）所示。

图 1-10 误用了三相三线制漏电保护器，因零线不经过漏电

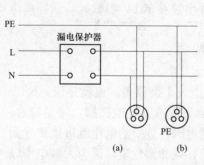

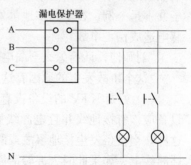

图1-9　漏电保护器的错误接线（一）　　图1-10　漏电保护器的错误接线（二）

保护器，漏电保护器检测到的不是漏电电流，而是三相不平衡电流，故在三相线路中只要有一相接通任意负载，电流就远远超过漏电动作电流而跳闸，改正方法是将漏电保护器换成三相四线漏电开关。

图1-11中两个漏电保护器线路混接，图1-11（a）中，当灯接通后漏电保护器1出现差流，漏电保护器2出现三相不平衡电流，造成两个漏电保护器均跳闸；在图1-11（b）中，两只漏电保护器共用一根零线，单独合上漏电保护器1或漏电保护器2时均不会跳闸。但当同时使用时，两只漏电保护器将同时跳闸，结果造成两条线路不能同时供电，因为两个负载不会大小相同。

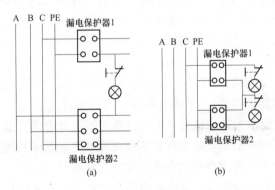

图1-11　漏电保护器的错误接线（三）
（a）出现差流；（b）共用零线

图1-12在安装漏电保护器时，造成重复接地，因此通过零序互感器电流减少，导致漏电保护该跳闸时而不能跳闸。

图1-13中，接零保护线通过漏电保护器中的检测互感器，当设备出现漏电时，由于相线漏电流经接零保护线又回到检测互感器，使互感器检测不出漏电流，致使漏电保护器不动作。

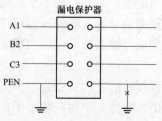

图1-12 漏电保护器的
错误接线（四）

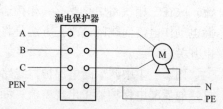

图1-13 漏电保护器的
错误接线（五）

最后要指出的是，漏电保护器安装位置不能太高，'试验按钮'要处在易操作位置。设试验按钮的目的是模拟人为漏电，强制使漏电保护跳闸，验证能否正常工作，至少每月试验一次。如果失灵或不动作时，应立即拆下来修理或更换。试按按钮的时间每次不得超过1s，也不能连续频繁操作，以免烧毁试验电阻和线圈。"

小张又问道："哪些地方和设备需要安装漏电保护器呀？"

刘师傅回答道："下面这些地方都要安装：

（1）属于Ⅰ类的移动式电气设备及手持式电动工具（Ⅰ类电气产品，即产品的防电击保护不仅依靠设备的基本绝缘，而且还包含一个附加的安全预防措施，如产品外壳接地）。

（2）安装在潮湿、强腐蚀性等恶劣场所的电气设备。

（3）建筑施工工地的电气施工机械设备。

（4）暂设临时用电的电气设备。

（5）宾馆、饭店及招待所客房内的插座回路。

（6）机关、学校、企业、住宅等建筑物内的插座回路。

（7）游泳池、喷水池、浴池的水中照明设备。

（8）安装在水中的供电线路和设备。

（9）医院中直接接触人体的医用电气设备。

（10）其他需要安装漏电保护器的场所。"

第二节　电气安全用具及其使用

早上一上班，小张就被刘师傅叫去帮忙拿了许多东西到车间安全室，小张拿着东西，一边走，一边问："刘师傅，这些都是做什么的？"刘师傅说："一会儿你就知道了。"

到了安全室，刘师傅用手指着桌子上的东西说："这些都是现场使用的安全用具。今天就是让大家了解和熟悉这些工具。"

小张这才明白刚才拿的都是各种工具呀。

刘师傅接着说："电气安全用具是用来防止电气工作人员在工作中发生触电等人身事故的重要工具。电气安全用具按性能分为绝缘安全用具和一般安全用具两大类，绝缘安全工具又分为基本绝缘安全用具和辅助绝缘安全用具。凡是具备绝缘性能的工具都可以称为绝缘安全工具。例如绝缘杆、绝缘夹钳、验电器、绝缘手套、绝缘鞋、绝缘垫等，其中绝缘杆、绝缘夹钳和验电器的绝缘强度比较高，完全可以长期承受相应等级工作电压及发生过电压时保证工作人员的人身安全，称它们为基本绝缘安全用具。"

刘师傅拿起几样工具接着又说："像绝缘手套、绝缘靴、绝缘鞋、绝缘垫等安全用具的绝缘强度不能承受电气设备的工作电压，只能起到进一步加强基本安全用具的保安作用，被称为辅助绝缘安全用具。而像接地线、遮栏、标示牌、安全带和防护镜等安全用具并不具备绝缘性能，但是它们同样可以防止工作人员人身事故，被称为一般安全用具。"

基本绝缘安全用具

1. 绝缘杆

刘师傅放下手中的工具说："下面我就一一介绍这些工具的使用。"

"这个是绝缘杆，"刘师傅用手指着几根长杆（见图1-14）说，"主要是用来拉合跌落式熔断器、装设和拆除携带型接地线，以及进行带电测量和做高压试验工作。"

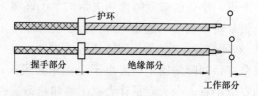

图1-14 绝缘（操作）杆

小张问道："刘师傅，那我们在使用中应该注意什么呢？"

刘师傅说："绝缘杆有两种类型，一是整体的，还有就是分节的，两端带有螺口，用的时候拧在一起。不论是哪种，每次使用前必须仔细检查绝缘杆的表面，有没有裂纹、起皮和鼓包现象，如有，就不能用了。另外，使用的时候绝缘杆的长度都必须和被操作的设备电压相适应，以保证具备足够的绝缘强度和安全距离。"

刘师傅接着说："在高压设备上使用绝缘杆时，一定要戴绝缘手套，穿绝缘靴。"

"另外，"刘师傅又说，"雷雨天气时，室外禁止使用绝缘杆。每次使用完，整体的绝缘杆要竖直放在专用的架上，防止变形。而分节的绝缘杆要把每节分开后，放入专用的袋子里，存放在干燥通风的地方。最后，绝缘杆每年要进行一次绝缘试验，并有试验合格证。超过试验周期而没有做绝缘试验或试验不合格的绝缘杆禁止使用。"

2. 绝缘夹钳

刘师傅又拿起一件类似大剪子的工具（见图1-15）说："这个是绝缘夹钳，主要用于35kV以下电压等级设备上带电作业装拆高压熔断器等工作。你们以后工作中使用绝缘夹钳时，要特别注意以下几点：

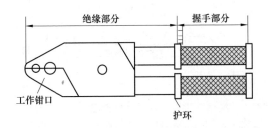

图1-15 绝缘夹钳

（1）因为绝缘夹钳有时候是带电作业时用的工具，所以使用者必须经过专门的带电作业培训，并经有关部门核发带电作业操作证。

（2）使用前应用干净的棉布将绝缘夹钳表面擦拭干净。

（3）使用时应将线路的负荷停用，禁止带负荷装卸高压熔断管。

（4）使用时应戴绝缘手套，穿绝缘鞋，戴护目镜。

（5）在潮湿的天气作业，应使用专门的防雨夹钳。

（6）操作人员在使用时，手握绝缘夹钳必须保持平衡，精神要集中。

（7）绝缘夹钳每年做一次绝缘试验，不合格的绝缘夹钳禁止使用。"

3. 高压验电器

介绍完绝缘夹钳，刘师傅又指着一件工具（见图1-16）说："这个是高压验电器，用于测量高压设备或线路是否有电。有的高压验电器靠发声来指示有无电压，也有的靠发光来指示有无电压，而我们使用的这个是声光同时指示有无电压的。"

小张问道："高压验电器怎么使用呀？"

刘师傅接着说："高压验电器使用时，应该注意这么几点：

（1）额定电压必须和被测设备的额定电压相一致，禁止使用低一等级电压的验电器检验高一等级电压的设备，以免危及操作

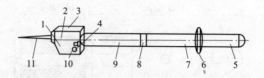

图 1-16　高压验电器

1—欠压指示灯；2—电源指示灯；3—自检按钮；4—蜂鸣指示灯；5—手柄；
6—护环；7—外管；8—色标；9—内管；10—指示器；11—探头

人员的人身安全。但是，也不能使用高一等级电压的验电器检验低一等级电压的设备，以免造成误判。

（2）使用前必须认真检查并确认验电器完好，各部分连接牢固，指示器密封良好，绝缘杆表面清洁、光滑，无起层爆皮现象。

（3）验电时操作者应戴绝缘手套，手握在护环以下部位，同时还要有专人监护。每次验电时，应首先在确有电压的设备上验证验电器性能完好，然后再对被测设备进行验电。

（4）操作中验电器要缓慢接近设备，如果验电器触及被试设备时，验电器没有反应，则认为被试设备无电。当验电器在接近被试设备过程中若出现声光报警，则证明设备带电，应立即停止继续验电。

（5）对线路进行验电时必须对三相逐相分别验电；对断路器或隔离开关等变电设备进行验电时，必须在设备两侧逐相进行；对电容器组的验电必须在电容器放电后进行。

（6）对同杆塔架设的所有线路进行验电时，必须先验下层线路，后验上层线路；先验低压线路，后验高压线路。

（7）对要检修的设备进行验电确无电压后，应立即进行装设接地线的操作。若因故没能立即装设接地线的，待要装设接地线前必须重新验电。

（8）高压验电器应妥善保管，不用时存放在防尘、防潮的专用柜子里，避免特殊天气（雨、雾、雪等）时在室外使用。

（9）高压验电器应定期进行耐压试验，合格后应在操作把手上挂好试验合格证，方可继续使用。"

4. 低压验电笔

刘师傅随即从口袋里掏出一把小螺钉旋具，说："你们看，这是一种低电压使用的验电笔，其结构如图 1-17 所示。主要用于低压 380/220V 系统。它是由笔尖（螺钉旋具旋口）、高阻值碳素电阻、氖灯和笔帽加上一个弹簧串联成一体的。外体是绝缘的，但有一处是金属的。使用时，用手握着笔体金属处，把笔尖放在被测设备上，笔尖和人体经验电笔形成回路（由于碳素电阻承担了大部分电压，只有很小的电

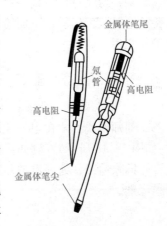

图 1-17 验电笔结构

流通过氖灯和人体，因此人体不会有触电危险），如果氖灯发亮，就说明设备带电。"

说着，刘师傅从口袋里又拿出一个低压验电笔。"你们看，"刘师傅说，"这是一个多用途的验电笔，它是电子的，外体上端有两个人体触点，一个是感应测量点，一个是直接测量点。如果用手接触感应测量点，把验电笔的前端放在绝缘导线外皮上，电子显示屏就会显示有没有电，利用这个功能还可以检查绝缘导线的断线点，区分相线和零线。如果用手接触直接测量点，就和一般验电笔一样可以测量设备是否有电，当设备有电时，还会在验电笔的显示屏上显示出电压的数值。"

刘师傅说到这里，小张问道："刘师傅，那低压验电笔使用中有什么注意的吗？"

刘师傅接着说："有两点要注意：①测量时，手一定要接触到笔上端的金属接触点，让验电笔和人体形成回路，否则容易误

判；②每次测量前也一定要在确有电的部位检验一下，验电笔的确完好，否则也容易误判。"

刘师傅特意提示说："低压验电笔每隔六个月也要定期做试验。"紧接着又说，"下面给你们介绍辅助绝缘安全用具和一般防护安全用具。"

 辅助绝缘安全用具

1. 绝缘手套、绝缘靴（鞋）

刘师傅说："在电气工作中经常要用到绝缘手套和绝缘鞋（如图1-18所示），例如：设备的巡视，用操作杆倒闸操作，装设、拆除地线，处理设备和导线接地等，都需要戴绝缘手套、穿绝缘鞋。"

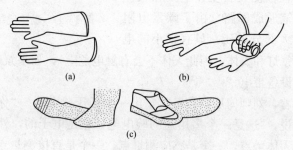

图1-18　绝缘手套及绝缘靴（鞋）

（a）绝缘手套；（b）绝缘手套的检查；（c）绝缘靴（鞋）

刘师傅顿了一下，又接着说："绝缘手套和绝缘靴（鞋）在高压工作中是一种辅助的安全用具，但是在低电压的工作中往往又是基本的安全用具，特别是在某些工作中就显得特别重要，例如某单位的一位电工在一次工作中要取下一个380V低压熔断器的熔丝管，按规定应该是要戴绝缘手套才能进行操作，但是他嫌戴绝缘手套既麻烦又不方便，于是就徒手操作。不料操作的右手在取下一相熔丝管的瞬间无意中碰到另一邻相发生了相间弧光短路，将其右手烧伤。因此，在低电压的工作中按规定戴绝缘手套和穿绝缘鞋尤其显得重要。"

小张接着问："刘师傅，这么多工作都要用到绝缘手套和鞋，那上班就穿着可以吗?"

刘师傅回答说："绝缘手套和绝缘鞋不得做它用，也就是说，上班平时也不得穿用，以免破坏其绝缘性能，只有在完成上述工作时才要穿用。

（1）使用绝缘手套时要注意以下几点:

1）使用前要检查外部有无损伤，进行充气检查是否有沙眼漏气，否则不能使用。

2）使用时应将衣袖口放进绝缘手套口内，以免工作中发生意外。

3）使用中要注意绝缘手套不要被锐器棱角划伤。使用后要擦净晾干，并在绝缘手套内撒一些滑石粉，以免粘连。

4）绝缘手套要放在专用柜子里存放，并保持通风，温度适宜在 5~20℃。

5）绝缘手套必须定期（半年）做耐压试验，合格后方可使用。

（2）绝缘靴（鞋）分为 20kV 的短靴、6kV 的矿用长靴和 5kV 普通电工使用的绝缘鞋，绝缘靴（鞋）使用时的注意事项有:

1）应根据工作场所和接触的电压高低，正确选用合适的绝缘鞋，一般场所适用 5kV 的电工普通绝缘鞋。

2）绝缘靴（鞋）只作为辅助安全绝缘用具使用，不得作为基本安全绝缘用具。也就是说，穿用绝缘靴（鞋）时人体不得与带电体接触。

3）穿用绝缘靴时，应将裤腿脚放入靴内；穿用绝缘鞋时，裤腿不宜过长，不能超过鞋底外沿。

4）非耐酸、碱、油的绝缘靴（鞋），使用中不能与酸碱油类物质接触。

5）普通绝缘靴（鞋）应定期更换，以免长期使用过度磨损失去绝缘性能。

6）绝缘靴（鞋）应定期（半年）做耐压试验，合格后方可使用。"

2. 绝缘垫、绝缘台

刘师傅指着脚下踩着的胶皮板说："这个是绝缘垫。"还没等刘师傅往下讲，小张迫不及待地说："刘师傅，这不就是胶皮垫嘛！"

刘师傅说："这可不是普通的胶皮垫，它是特种胶制成的，绝缘性能比较高，增强了人体与地面的绝缘强度，并能防止跨步电压触电，同时表面有防滑槽纹，一般铺在高压配电室里通道的地面上，用来提高操作人员对地的绝缘强度。

很多的电工师傅在平时特别容易忽略绝缘垫的作用，某个单位的电气试验人员就是忽略了绝缘垫的使用，发生了一起人员烧伤事故，当然事故的原因还有其他的更主要因素，不过没有使用绝缘垫也是一个不可或缺的原因。"

没等刘师傅说完，小张连忙接着说道："刘师傅，快给我们讲讲怎么回事。"

"某供电部门按工作惯例要对所有的电气设备进行绝缘试验，那天 3 位试验人员对某电压等级的电流互感器进行试验，其中一位工作人员用绝缘杆挑着试验导线挂在已经停电的电流互感器上，试验导线一直连到不远的试验仪器上，一名工作人员坐在小板凳上操作试验仪器，另一名工作人员站在旁边做试验记录，同时兼做监护。当一相的电流互感器试验完毕，准备试验另一相时，事故发生了，负责用绝缘杆挑着试验导线的工作人员在移动试验线时，不注意使得试验导线距离附近其他带电设备的安全距离远远小于规定的安全距离了（这是事故的主要原因），导致有电的设备对试验导线放电，强大的电流沿试验导线一直通到试验仪器上，由于试验仪器下面没有安置绝缘垫而是直接摆放在地上，结果试验仪器顿时燃起大火。又由于北方的 3 月还是一个乍暖还冷的月份，操作试验仪器的工作人员还穿着棉衣，大火引燃了操作人员的棉衣，造成试验仪器操作人员严重烧伤。由此可见，我们还是不能忽略绝缘垫的安全专用。

绝缘垫按电压耐用等级可分为 5、10、20、25、35kV 五种；按颜色可分为黑、红、绿三种；按厚度可分为 2、3、4、5、6、8、10、12mm 八种。一般使用厚度不小于 5mm 的绝缘垫，绝缘垫也要定期做绝缘试验，试验周期是每两年一次。"

一般防护安全用具

刘师傅说：一般安全防护用具、虽然是不具备绝缘性能的，但是对保证电气工作的安全确是必不可少的。

1. 携带型接地线

携带型接地线如图 1 - 19 所示，也叫移动式接地线。刘师傅继续介绍说，"接地线要装设在停电检修设备或线路的两侧，用来防止各种原因使得停电检修设备突然来电，以及消除邻近高压带电设备对停电设备产生的感应电压对工作人员产生的危害。同时也可以放尽停电设备的残余电荷。

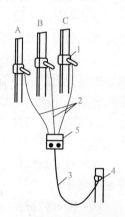

图 1 - 19　携带型接地线
1、4、5—专用夹头（线夹）；
2—三相短路；3—接地线

另外在特殊的时候，接地线还能起到意想不到的作用。这也是一个供电部门发生的事故，该供电部门的线路工区在检修停电的某 66kV 线路，这条线路是同杆塔架设的两条线路的其中一条，另一条 66kV 线路还在运行。其中一名年轻工人登塔进行检修作业，当他进入到杆塔的横担时，就按规定将随身携带的临时接地线接地端安装在铁塔上，然后把接地线的另一端往线路的导线上一扔，结果'轰'的一声，一个弧光随着巨大的放电声迸发出来，原来这个年轻工人上塔后站错了位置，他没有站在停电线路一侧，而是站到了运行线路一侧，由于当时安全生产的要求还是流于形式，他在装设地线之前没有进行验电，地面的监护也没有到位，才酿成这次事故，还好由于他能正确地使用接地线，才避免了一起人身伤亡事故。

临时接地线是由三根相间短路线和一根接地线及两端的专用线夹组成。接地线必须采用多股软裸铜线制作，并且每根线径不得小于 25mm^2。同时严禁用其他导线代替专用接地线。"

小张又接着问道："刘师傅，接地线在使用时有什么要求吗?"

刘师傅说:"要求有呀，还挺严格呢。

(1)装设地线前，应对要接地的设备或线路进行验电，确认已无电压后方可装设接地线。

(2)装设接地线时必须先安装接地端，后挂导体端;拆除时顺序相反先拆除导体端，再拆除接地端。为的是防止设备原来有电或突然来电时，接地线失去保护作用。

(3)接地线的接地端必须用不小于 M12 的螺栓拧紧，而导体端也要用专用线夹拧紧，不得用缠绕的方法连接。

(4)为了确保操作人员安全，装拆接地线时必须使用操作杆并戴绝缘手套。

(5)携带型接地线应妥善保管，每次使用前应仔细检查接地线是否完好，有无地线断股，上端线夹旋转部分应活动灵活，拧紧后牢固，否则不得使用。

(6)携带型接地线要统一编号，放在指定的位置上。

(7)携带型接地线每 5 年做一次接触电阻试验，合格后方可使用。"

2. 标示牌

刘师傅又接着说:"标示牌是告诫工作人员防止误送电、误登带电设备的一种辅助手段。它分三大类六种,如图 1-20 所示。"

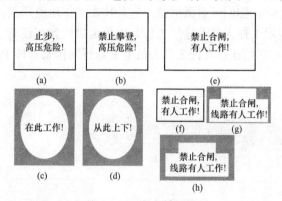

图 1-20　安全标示牌

(a)、(b) 警告类；(c)、(d) 允许类；(e) ～ (h) 禁止类

小张急忙说:"刘师傅,给我们详细说说吧!"

刘师傅说:"标示牌分禁止类、警告类和指令类三类。每类又含有两种。

(1) 禁止类标示牌。禁止类标示牌有'禁止合闸,有人工作'和'禁止合闸,线路有人工作'两种。这类标示牌要挂在已停电设备、线路的断路器和隔离开关操作把手上,防止其他人员误合断路器和隔离开关,将已停电设备误送电。前一种标示牌是变电站设备停电用,而后一种是线路停电时用。而每一种标示牌还有两种规格,大的挂在室外的设备操作把手上,小的挂在室内控制盘的操作把手上。

(2) 警告类标示牌。警告类标示牌同样分两种:一是'止步,高压危险!'牌,这种牌挂在工作地点周围邻近带电设备的围栏上、禁止通行的过道处以及做高压试验时周围的围栏上,防止人员误碰带电设备发生危险；还有一种是'禁止攀登,高压危险'。这种牌挂在高处带电设备的构架和运行变压器的上下梯子处，防止人员误登带电设备发生危险。它虽然带有禁止的字眼，但还是起到警告作用的，还是属于警告类的标示牌。

（3）允许类标示牌。允许类的标示牌也同样有两种：一是'在此工作'，你们一看就清楚，它是挂在工作地点周围遮栏进出口处，提示工作人员在这里工作，以免走错位置；还有一种'从此上下'，它是挂在允许工作人员上下通行的构架和梯子处。"

第二章

电气安全管理基本知识

第一节　高电压作业的安全管理

高电压工作的基本要求

这天，刘师傅语重心长地对几个新工人说："你们现在已是一名电工了，但是你们知道怎样才能做一名合格的电工吗？"

小张说："那还不知道呀！技术过硬呗。"

刘师傅说："仅仅是技术过硬是不够的，就算你能把多复杂的照明灯接亮，将多复杂的电动机电路接对，使电动机正确工作，这都还不能算你是合格的电工。作为一名合格的电工更主要是一辈子要做到'三防一不'。"

1. 三防一不

小张自言自语地说："哪'三防一不'？"

刘师傅接着又说："'三防'就是电工在工作中有防止自己给别人造成伤亡事故的能力，有防止别人给自己造成伤亡事故的能力，有防止自己给自己造成伤亡事故的能力。'一不'就是在自己的身上不发生设备事故。"

刘师傅话音刚落，小张接着问道："刘师傅，怎么样才能做到'三防一不'呢？"

刘师傅说："要做到'三防一不'，就必须严格遵守《电业安全工作规程》的各项规定，这次我们的培训的重点就是学习《电业安全工作规程》。"

2. 从事高压电气工作人员应具备的条件

刘师傅接着问大家："你们具备了从事电气工作人员应具备的条件吗？"没等有人回答，刘师傅又说："从事电气工作人员要具备的第一个条件是经医师鉴定无妨碍工作的病症。"

小张连忙问道："刘师傅，哪些病症不适合做电工？"

刘师傅解释说："不适合做电工的病有高血压、视力严重不良、恐高症以及色盲等其他不适合从事电工工作的病，另外神经有障碍的人也不适合从事电工工作。"

刘师傅紧接着又说："另外我要特别强调这里提到的病症的症，这个症，我根据自己这么多年的工作经验来看，这个症不一定是指某种病，而是一种精神状态，我给你们讲个实际的例子吧。"

几个新工人一听刘师傅要讲案例了，立刻来了精神，围了过来。

刘师傅讲道："有个企业接受了市重点高中一名没有考上大学的年轻人，年轻人因为没考上大学心里很是恼火，没想到这个年轻人到单位上班时间不长，相处了一段时间的恋人也分手了，对这个年轻人来说更是雪上加霜，于是这个年轻人精神恍惚，工作也心不在焉。有一次他和另一名同事一起抬木板箱装的备品往仓库送，走到一半的时候，他突然就松手把木板箱扔在地上了，说是累了要休息一会。结果前面的同事由于没有思想准备，抬木箱的手被包装木箱的铁带滑个口子。还有一次更换一盏高处的灯具，还是这名年轻人，他在下面扶梯子，另一名同事在上面干活，他看上面的同事把灯具拆除了，还没等下来，他就松开扶梯子的双手走了，结果梯子一歪，上面的同事从梯子上掉下来了，还好高度不是很高，没有摔坏。从这两件事就可以看出，这名年轻人就不适合做电工，最后被调离了电工岗位。"

刘师傅语重心长地接着说:"今后你们如果也遇到心里不愉快的事,心情不好的时候或者没有休息好,精神头不够的时候,一定不要强撑着工作,和领导提出来,暂时不要从事电气工作,干一点别的工作,这是对你们自己负责,更是对和你们一起工作的同事负责。"

刘师傅接着说:"第二个条件是,要具备必要的电气知识和业务技能,且按工作性质,熟悉安全规程的相关部分,并经考试合格。你们从学校毕业,学习了一些专业课程,具备了一定的理论知识,这还不够,更主要是要结合自己的具体工作,熟悉安全规程的有关部分。例如,你要是做了值班电工,对安全规程里的许可人部分就要特别熟悉;你要是做了检修维护电工,安全规程里的现场部分就要特别熟悉。"

小张又问道:"刘师傅,那怎样才算熟悉了安全规程呢?"

刘师傅笑了笑说:"熟悉安全规程可不是简单的事,首先要在字面上熟记,也就是说要能基本上背下来,然后是理解每个字字面的含义。譬如,安全规程里规定:工作人员的劳动防护用品应合格、齐备。这里指出的劳动防护用品,就包括得比较全面了,不仅是品种齐备,更要合格。就拿高空作业的安全带来说吧,有许多电工只知道上高干活,应该系安全带,可不知道安全带也有合格不合格的问题。也就是说,安全带必须按规定每年做拉力试验,检验安全带是否能承受一定的拉力,只有试验合格并贴合格证的安全带才可以在现场使用。

使用安全带还有两个问题注意:一个是安全带不得低挂高用。低挂高用就是安全带挂的位置比较低,人站在高处。如果人一旦失足,安全带就不能很好地起到安全作用。另一个就是安全带一定要挂在基础牢固的部位,这样当出现情况时安全带才能保护人身安全。有这样一个事故,一个单位在架设一条新建的线路,线路有一段是钢管杆,其横担是槽型钢焊在主杆上的,横担距地面约 30m 高。那天的工作是架设导线,杆上的一名工人坐

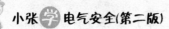

在横担上，同时把安全带挂在了横担上，等待导线牵引到位后，将导线固定在绝缘子上。就在牵引导线的过程中，由于多种原因造成横担断裂，那名工人随同横担和导线一起坠落到地面，事后在分析事故原因时，除了认定其他主要原因外，还认定了一个原因就是这名工人安全带挂的位置不正确，如果他把安全带不是挂在横担上，而是挂在主杆上，也完全可以避免这起死亡事故。

最后还有个安全规程考试的问题，并不是新工人上岗前就考试一次就可以了，而是每年都要进行一次安全规程的考试，合格后才能上岗。因故间断电气工作连续三个月以上者，必须重新温习安全规程，并经考试合格后，方能恢复工作。"

刘师傅讲完第二个条件后，紧接着又开始将从事电气工作人员应具备的第三个条件。

"第三个条件，学会触电急救，特别是心肺紧急救护。"

小张一听这第三条，立刻问道："刘师傅，我们又不是学医的，干吗要学会触电急救呀！"

"是这样的，我们做电气工作，电气工作本身就是一项特殊工作，一是技术含量高，二是具有一定的危险性。人们常说'常在河边走，哪有不湿鞋'，这就要求我们事先必须学会触电急救，工作中在我们身边，甚至包括我们自己万一有人发生了触电，就可以在第一时间对触电者实施抢救。很多实践证明：若能就地及时采取正确救护措施，死亡率可大大降低。"

我还是讲一个案例，在一个乡镇这天有两名电工出去工作，其中一名老同志带一名年轻人，在工作中老同志不慎触电，年轻人吓得不知所措，连忙往回跑去喊人，等救护人员赶到时，老师傅已经死亡了。后来据救护人员讲，根据当时触电的情况看，如果能就地立即采取正确地触电救护措施，老师傅也许不会是这个结果。"

小张紧接着问："那怎样对触电者进行急救呀？"

刘师傅又接着说:"一旦发现有人触电后,首先应尽快使其脱离电源。因为电流作用时间越长,伤害越严重。切断电源前,一定不能触摸触电者,否则会造成救助者触电。"

小张一听到这里马上又插了一句:"人都触电了,怎么让人脱离电源?"

刘师傅耐心地说:"如果是高电压触电,可以电话通知供电部门停电切断电源,或采用用电压等级相应的绝缘用具切断电源、向高压线或高压设备抛掷裸导线让设备跳闸等方法切断电源。

如果是低电压触电,可以用下面几种方式让触电者脱离电源:

(1)拉。附近有电源开关或插座时,应立即拉下开关或拔掉电源插头。注意单极控制的开关,控制的不一定是相线。

(2)切。如果触电者附近没有开关或插头,救助者可迅速用绝缘完好的钢丝钳或断线钳剪断电线,以断开电源。剪断两根电线时,应在不同位置,以防止剪线时造成短路。

(3)挑。若手头没有工具,应用干木棍、扁担、竹竿等不导电物体挑开触电者身上电线、带电设备。

(4)拽。站在干的木板或凳子上拽触电者的衣服使其脱离电源。也可用干燥的衣服在手上包几层后拉触电者的衣服,使其尽快脱离电源。注意,拖拽者一定注意保护自己,以免触电。

(5)垫。用干燥木板垫在触电者身下,使其与大地绝缘。

(6)还有一点要注意,就是触电者如果在高处,还要防止断电后受伤者从高处跌落,造成二次伤害。接着就要立即进行人工心肺复苏。"刘师傅最后说道,"关于人工心肺复苏的内容,我们放在后面再说。"

 变电站电工应遵守的规定

"安全规程里对变电站的运行人员也提出了许多规定,这些规定在相当一部分的企业事业单位都不是特别重视。"

"刘师傅，我们也是企业变电站的电工，安全规程里对我们变电站的电工都有哪些规定也给我们说说吧。"

"值班人员必须熟悉本变电站的电气设备。单独值班人员或值班负责人还应有现场实际工作经验。"

"刘师傅，我们不都是三个人值班吗？还有一个人值班的呀?!"

"有个别的企业单位是有一个人值班的，但是一个人值班时，变电站内的设备要符合安全规程的有关规定。

高压设备符合下列条件者，可由单人值班：①室内高压设备的隔离室设有遮栏，遮栏的高度在 1.7m 以上，安装牢固并加锁者；②室内高压开关的操动机构用墙或金属板与该开关隔离，或装有远方操动机构者。

单人值班不得单独从事维护修理工作。在企业单位的变电站无论几个人值班，都需要按时巡视电气设备，经企业领导批准允许单独巡视高压设备的值班员和非值班员，巡视高压设备时，不得进行其他工作，不得移开或越过遮栏。

雷雨天气，需要巡视室外高压设备时，应穿绝缘靴，并不得靠近避雷器和避雷针。

高压设备发生接地时，室内不得接近故障点 4m 以内，室外不得接近故障点 8m 以内。进入上述范围人员必须穿绝缘靴，接触设备的外壳和架构时，应戴绝缘手套。

巡视配电装置，进出高压室，必须随手将门锁好。

值班人员在巡视中不得单独移开或越过遮栏进行工作。若有必要移开遮栏时，必须有监护人在场，并符合安全距离。

变电站的值班人员不只是巡视电气高压设备，有的时候还要根据企业生产的需要对变电站的设备进行倒闸操作工作。"

"刘师傅，什么是变电站的倒闸操作？"

"变电站的倒闸操作就是通过关合、分断变电站的开关设备

（断路器、隔离开关、负荷开关、熔断器等）以及在变电站装设和拆除接地线的方法来改变变电站系统运行方式的操作。"刘师傅解释说。

"这些操作也很重要吗？"

"这些操作当然很重要，如果不注意，往往会发生误操作事故。所以我们在变电站的倒闸操作中必须根据值班调度员或值班负责人命令，受令人复诵无误后执行。倒闸操作前由操作人填写操作票，操作票应用蓝色（黑色）钢笔或圆珠笔填写，票面应清楚整洁，不得任意涂改。操作人和监护人应根据模拟图板或接线图核对所填写的操作项目，并分别签名，然后经值班负责人审核签名。特别重要和复杂的操作还应由值长审核签名。

倒闸操作必须由两人执行，其中一人对设备较为熟悉者做监护。单人值班的变电站倒闸操作可由一人执行。

特别重要和复杂的倒闸操作，由熟练的值班员操作，值班负责人或值长监护。

操作中发生疑问时，应立即停止操作并向值班调度员或值班负责人报告，弄清问题后，再进行操作。不准擅自更改操作票，不准随意解除闭锁装置。"

接着刘师傅又讲了一个关于擅自更改操作票，随意解除闭锁装置而发生的事故。

"这也是一个供电企业变电站发生的事故。事故的经过是这样的：一个电压等级比较高的一次变电站在进行倒闸操作，由于操作人员精神不集中，出现了漏项操作。"

刘师傅看小张皱了皱眉头，就知道小张对漏项操作不太理解，就解释说："操作票的正常的操作应该是按操作票的顺序一项一项进行操作，而漏项操作就是操作票在操作过程中有某一项没有操作，就进行下一项的操作了。这种操作是变电站倒闸操作的大忌。"刘师傅解释完又接着继续讲下去。

"由于出现了漏项操作，再操作下一项时防误锁就打不开了，

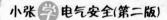

当时操作人员怕耽误了操作时间，也没有仔细分析防误锁为什么会打不开，就认为是防误锁坏了，正巧那天变电站的站长没有在变电站，就给变电站的站长打电话说'某设备的防误锁坏了，现在倒闸操作进行不下去了，是不是先用万能钥匙把锁打开，继续进行倒闸操作，'变电站的站长也没有细问，就同意了。结果当操作人员打开防误锁后进行下一项的操作时发生带地线合闸事故。事后在调查事故时，发现当时使用的操作票也是一张不合格的操作票。"

刘师傅讲到这里，再次强调任何时候都不准擅自更改操作票，不准随意解除闭锁装置。

小张接着又问道："在变电站操作还有什么规定？"

刘师傅接着说："用绝缘杆拉合隔离开关（刀闸）或经传动机构拉合隔离开关（刀闸）和断路器（开关），均应戴绝缘手套。雨天操作室外高压设备时，绝缘棒应有防雨罩，还应穿绝缘靴。接地网电阻不符合要求的，晴天也应穿绝缘靴。雷电时，禁止进行倒闸操作。

装卸高压熔断器（保险），应戴护目眼镜和绝缘手套，必要时使用绝缘夹钳，并站在绝缘垫或绝缘台上。"

"刘师傅，我们在倒闸操作中应怎样进行操作？"

"倒闸操作主要就是设备或线路的停电或送电，以及装设、拆除临时地线，因此停电拉闸操作必须按照先断路器，再负荷侧隔离开关，最后母线侧隔离开关的顺序依次操作，送电合闸操作应按与上述相反的顺序进行，严防带负荷拉合隔离开关。我们这样的操作顺序就是为了万一发生错误操作时，把事故控制在不重要的线路负荷侧，而不是发生在电源母线侧。"

在高压设备上工作应遵守的规定

刘师傅讲完了变电站电工应遵守的规定，又给新工人讲了在高压设备上工作必须遵守的三项规定。

"第一，必须要有工作票或口头、电话命令。"

小张问道："刘师傅，什么是工作票？做什么用的？"

刘师傅回答小张说："工作票是准许在电气设备上工作的书面命令，也是执行保证安全技术措施的书面依据。也可以这么说，工作票是检修人员在电力生产现场、设备、系统上进行检修、维护、安装、改造、调试、试验等工作（统称检修工作）的书面依据和安全许可证，是检修、运行人员双方共同持有、共同强制遵守的书面安全约定。"

小张一听惊讶地自言自语说道："这么重要呀！那电气工作都需要工作票吗？"

刘师傅说："是这样的，根据电气工作的范围和要求，工作票分第一种工作票和第二种工作票两种。"

小张接着问道："刘师傅，哪些工作需要第一种工作票？哪些工作需要第二种工作票？"

刘师傅接着说："适用第一种工作票的有三种情况：①在高压电气设备上需要全部停电或部分停电者；②在高压室内的二次接线和照明等回路上的工作，需要将高压设备停电或做安全措施者；③其他工作需要将高压设备停电或做安全措施的。

适用第二种工作票的工作有：①在带电设备外壳上的工作并且不能触及带电设备的带电部位；②在控制盘和低压配电盘、配电箱、电源干线上的工作；③二次接线回路上的工作，无需将高压设备停电或无需做安全措施者；④在转动中的发电机、同期调相机的励磁回路或高压电动机转子电阻回路上的工作；⑤非运行人员用绝缘棒对低压互感器进行定相或用钳形电流表测量高压回路电流者。"

小张说："刘师傅，全部停电好理解，那什么是部分停电？"

"整个电气设备场地，不分室内还是室外的，都有许多回路的设备，其中一部分设备停电，而其他的设备还在运行，这就叫部分停电，也是现场最常见的停电形式。"

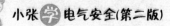

"第二，在高压设备上工作必须二人及以上在一起工作。"

刘师傅又解释说："这条实质是规定了在高压设备上不允许一个人工作，因为一个人的精力是有限的，两人在一起工作可以有个照应，可以相互监护。说到必须二人一起工作，我也给你们讲个实际案例吧，那还是 20 世纪 80 年代的事，有个单位在变电站设备场地进行断路器检修工作，一天发现现场少带了一个专用工具，现场负责人就叫一名新工人回工具库去找，结果这名新工人拿工具回来时，就走错了设备位置，走到一个正在运行的设备旁，他一看设备现场没有人，就以为大家到设备旁的树荫地方休息了，新工人积极性很高，就一个人上到设备，没想到运行的设备有电，结果必然是感电了。这也说明了在高压设备上工作必须有两个人在一起工作的重要性，今后你们到现场工作一定要牢记：只要是在高压设备上工作，无论是多么简单的工作，也必须有第二个人在场。"

"第三，在高压设备上工作必须完成保证人身安全的组织措施和技术措施。"

刘师傅接着说："这条从条目上就可以看出三点：一个是必须完成，这是强制性的要求；二是保证人身安全，这是目的；第三个就是内容，一共有两个措施，组织措施和技术措施。"

"那这两个措施具体都有什么？我们应该怎么去理解呢？"小张问了一句。

保证人身安全的组织措施

刘师傅接着又详细地讲解了组织措施和技术措施。

刘师傅说："组织措施包括工作票制度、工作许可制度、工作监护制度及工作间断、转移和终结制度，下面分别来讲。"

1. 工作票制度

"刚才在前面已经讲过了工作票的重要性，在这里就不再讲了，重点是说说工作票的内容。就拿一个简单的设备检修工作为例，要完成这项工作首先是要有工作票的签发人，工作票签发人在工作中要负的安全责任也很重要，主要有：要进行的工作必要性；工作是否安全；工作票上所填安全措施是否正确完备；所派工作负责人和工作班人员是否适当和足够，精神状态是否良好。其次就是要有工作负责人，也就是'工头'，领着干活的人，一般由上一级领导书面批准。工作负责人都是由在班组有威望、有工作经验、有组织能力的人员担当，要对工作现场的安全负责，是现场检修工作的总指挥，同时还负有安全监督、监护任务，因此工作负责人在工作中安全责任非常大，主要有：正确安全地组织工作；结合实际进行安全思想教育；督促、监护工作人员遵守工作规程；负责检查工作票所载安全措施是否正确完备和值班员所做的安全措施是否符合现场实际条件；工作前对工作人员交代安全事项；检查工作班人员变动是否合适。完成工作许可手续后，工作负责人应向工作班人员交代现场安全措施、带电部位和其他注意事项。工作负责人必须始终在工作现场，对工作班人员的安全认真监护，及时纠正违反安全的动作。

所有工作人员，不许单独留在高压室内和室外变电站高压设备区内。"

"刘师傅，这样的规定有必要吗?"小张觉得刘师傅讲的这条规定有些多余，不由自主地问了一句。

"这样的规定虽然只有一句话，却是人命关天的要求，记得20世纪80年代有个单位出了个触电事故，就是违背了这条规定。当时单位的电工检修 63kV 断路器，工作结束后，检修负责人会同变电站值班人员一同验收检修后的断路器，变电站值班人员指出设备的绝缘瓷套上有一块油垢，就提出要处理干净后再继续验收。然后两个人就从高压设备区域往休息室走，工作负责人准备回去找两个工人把油垢处理一下，当他俩走到半路时，这个工作负责人看见路边有块干净的抹布，顺手捡起来自己一个人回去处理了，没想到他竟走错了位置，走到一个正在运行的设备

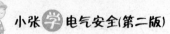

前，举手就往设备上爬，只听'轰'的一声巨响，随之就是一道弧光，强烈的弧光将他双手烧伤，最终左手大拇指没能保住。所以说安全规定中的每句话都是血的教训写成的。"

"他如果工作需要必须这样做时，怎么办?"小张钻牛角尖式地又问了一句。

刘师傅解释说："如果工作需要（如测量极性、回路导通试验等），且现场设备具体情况允许时，可以准许工作班中有实际经验的一人或几人同时在他室进行工作，但工作负责人应在事前将有关安全注意事项予以详尽的指示。

工作负责人在全部停电时，可以参加工作班工作。在部分停电时，只有在安全措施可靠，人员集中在一个工作地点，不致误碰导电部分的情况下，方能参加工作。

工作票签发人或工作负责人，应根据现场的安全条件、施工范围、工作需要等具体情况，增设专人监护和批准被监护的人数。专责监护人不得兼做其他工作。

工作期间，工作负责人如果因故必须离开工作地点时，应指定能胜任的人员临时代替，离开前应将工作现场交代清楚，并告知工作班人员。原工作负责人返回工作地点时，也应履行同样的交接手续。如果工作负责人需要长时间离开现场，应由原工作票签发人变更新工作负责人，两名工作负责人应做好必要的交接。

工作中当然离不开工作班成员，工作班成员的多少要根据工作量的大小来安排，同时也要根据工作性质和人员的能力综合考虑。工作班成员要熟悉工作内容、工作流程，掌握安全措施，明确工作中的危险点，并认真履行确认手续。严格遵守安全规章制度、技术规程和劳动纪律，对自己在工作中的行为负责，工作班成员之间要互相关心工作安全，并监督《电业安全工作规程》的执行和现场安全措施的正确实施。

工作票中还必须注明工作地点及工作内容、计划停电时间、工作计划开始和终结时间、停电范围、应该采取的安全技术措施，以及工作票签发人、工作许可人等。从工作票所列内容就可以看出工作票在保证人身安全方面的重要性。可以这样说，工作票就是开车的驾照，无驾照开车是违法的，在高压设备上工作没有工作票同样也是违法的。"

2. 工作许可制度

刘师傅又介绍说："我们在高压设备上工作，除了具有工作票外，还必须遵守工作许可制度。也就是说，我们在电气设备上工作开始前，必须事先得到工作许可人的许可。工作许可人主要负责：审查工作票所列安全措施是否正确完备，是否符合现场条件；工作现场布置的安全措施是否完善，必要时予以补充；负责检查停电设备有无突然来电的危险；对工作票中所列内容即使发生很小疑问，也必须向工作票签发人询问清楚，必要时应要求做详细补充。工作许可人（值班员）在完成施工现场的安全措施后，还应做以下工作：会同工作负责人到现场再次检查所做的安全措施，证明检修设备确无电压；对工作负责人指明带电设备的位置和注意事项；和工作负责人在工作票上分别签名。完成上述许可手续后，工作班方可开始工作。"

3. 工作监护制度

"工作监护制度规定了在我们工作期间，自始至终要有专门的监护人员对我们的工作现场进行监护。防止工作人员误登其他带电设备，同样这个监护人员也要求由经验丰富、责任心强的人来担当，完成工作许可手续后，监护人（一般由工作负责人担当）应向工作班人员交代现场安全措施、带电部位和其他注意事项。监护人必须始终在工作现场，对工作班人员的安全认真监护，及时纠正违反安全的动作。

所有工作人员（包括工作负责人），不许单独留在高压室内和室外变电站高压设备区内。如果工作需要（如测量极性、回路导通试验等），且现场设备具体情况允许时，可以准许工作班中有实际经验的一人或几人同时在他室进行工作，但工作负责人应在事前将有关安全注意事项予以详尽的指示。

工作负责人（监护人）在全部停电时，可以参加工作班工作。在部分停电时，只有在安全措施可靠、人员集中在一个工作地点、不致误碰导电部分的情况下，方能参加工作。我在这里还给你们讲个实例：一个供电单位变电站进行部分停电作业，当时有个门型构架，有三四十米高，门型构架有两回路线路，一条线路运行有电，另一条回路停电作业，作业的内容就是工作人员先上到构架顶再顺绝缘子下到停电的线路进行检查工作，当时工作人员是一名年轻人，监护人员是这个变电站的站长，开始工作了，站长接了个电话，打完电话抬头一看，顿时吓了一跳，只见那位工作人员已经上到构架上，当时上错了位置，他坐在没有停电还在运行回路的构架上面，并且也已经系好安全带，就准备下到回路去了，如果下去了，回路上就有几十万伏的高电压，这名年轻人必定会触电死亡，这个站长很有经验，看到这个情景，虽然心里很是着急，但是表面显得很轻松地对上面的工作人员说：你坐的位置不太合适，往边上挪挪，再挪挪，直到那位工作人员挪到了安全地带，站长又说：刚刚接到通知今天的工作取消了，你先下来吧。那个工作人员下来后还埋怨不早通知工作取消了，自己白上去了，当他知道事情的原委时，后怕地瘫软在地上了。"

"刘师傅，站长当时为什么不直接指出来呢？"

"按一般常人的心态，脚底下就是几十万伏的电压，谁在那种状态下都会瘫软的，站长如果当时就指出来或者大喊'危险！快离开'，其结果可能是那个年轻人在上面自己下不来了，只有将运行的设备也停电，再上去几个人用绳索把他系下来。这就是站长的聪明之处。"

 工作间断、转移和终结制度

"工作间断、转移和终结制度规定了我们的工作没有结束，暂时中断以及全部工作结束应该怎么样做。比如中午吃饭了、晚上下班了，现场应该怎么样做。"

"刘师傅，具体应该怎么做?"

"具体是在工作间断时，工作班人员应从工作现场撤出，所有安全措施保持不动，工作票仍由工作负责人执存。间断后继续工作，无需通过工作许可人。每日收工，应清扫工作地点，开放已封闭的通路，并将工作票交回值班员。次日复工时，应得值班员许可，取回工作票，工作负责人必须事前重新认真检查安全措施是否符合工作票的要求后，方可工作。若无工作负责人或监护人带领，工作人员不得进入工作地点。

在未办理工作票终结手续以前，值班员不准将施工设备合闸送电。在工作间断期间，遇到有紧急需要，值班员可在工作票未交回的情况下合闸送电，但应先将工作班全班人员已经离开工作地点的确切依据通知工作负责人或企业单位电气负责人，在得到他们可以送电的答复后方可执行，并应采取下列措施:

(1) 拆除临时遮栏、接地线和标示牌，恢复常设遮栏，换挂'止步，高压危险!'的标示牌。

(2) 必须在所有通路派专人守候，以便告诉工作班人员'设备已经合闸送电，不得继续工作'，守候人员在工作票未交回以前，不得离开守候地点。

检修工作结束以前，若需将设备试加工作电压，可按下列条件进行:

(1) 全体工作人员撤离工作地点。

(2) 将该系统的所有工作票收回，拆除临时遮栏、接地线和标示牌，恢复常设遮栏。

(3) 应在工作负责人和值班员进行全面检查无误后，由值班员进行加压试验。

工作班如果需继续工作时，应重新履行工作许可手续。

但是有一条要记住:工作票在工作期间，始终保留在工作现场，作为工作合法性的依据。只要是工作没有结束，即使每天下班了，工作票交回到许可人那里，但是在第二天工作开始前也一定要取回工作票，并重新核对安全措施。"

 保证人身安全的技术措施

小张迫不及待地问道："刘师傅，那技术措施在现场怎么体现呢？"

刘师傅语重心长地说："技术措施同样也是 4 条，你们别看这技术措施字数不多，但是字字重千斤呀！"

1. 停电

"技术措施的第一条是停电：也就是说我们工作地点的设备必须停电，在高电压设备上除了专业的带电工作以外，所有的检修工作都必须停电进行，那么具体应该停电的设备包括：

（1）需要和维护检修的设备。

（2）现场工作人员在进行工作中正常活动范围与带电设备距离小于表 2-1 的规定。

表 2-1 工作人员工作中正常活动范围与带电设备的安全距离

电压等级（kV）	安全距离（m）
10 及以下（13.8）	0.7
20、35	1.0
63（66）、110	1.50
220	3.00
330	4.00
500	5.00

（3）在 35kV 及以下的设备处工作，安全距离虽大于表 2-1 规定，但小于表 2-2 规定，且它们之间同时又无绝缘挡板、安全遮栏措施的设备。

表 2-2　　　　　　　　设备不停电时的安全距离

电压等级（kV）	安全距离（m）
10 及以下（13.8）	0.35
20、35	0.60
63（66）、110	1.50
220	3.00
330	4.00
500	5.00

（4）带电部分在工作人员后面、两侧、上下，且无可靠安全措施的设备。

（5）其他需要停电的设备。"

"刘师傅，那按照规定把需要停电设备的开关拉开就可以了吧。"

"光拉开开关还不行，需要停电的设备必须把本设备各方面的电源完全断开（任何运用中的星形接线设备的中性点，必须视为带电设备）。禁止在只经断路器（开关）断开电源的设备上工作。

除了断开断路器外还必须拉开隔离开关（刀闸）；如果是开关柜并且开关柜手车开关可以移动的，手车开关必须拉至试验或检修位置，应使各方面有一个明显的断开点（对于有些设备无法观察到明显断开点的除外）。与停电设备有关的变压器和电压互感器，必须将设备各侧电源断开，防止向停电检修设备反送电。检修设备和可能来电侧的断路器（开关）、隔离开关（刀闸）必须断开控制电源和合闸电源，隔离开关（刀闸）操作把手必须锁住，确保不会误送电。

对难以做到与电源完全断开的检修设备，可以拆除设备与电源之间的电气连接。

这就需要将一经合闸就能把电送到工作地点的所有断路器或

开关以及隔离开关都要拉开使其处于分闸状态。同时，旁边与工作地点安全距离不够的其他带电设备也要停电。"

"也就是表2-1的规定吧？那表2-1和表2-2之间有什么关系吗？"小张不惑地问道。

刘师傅接着说："就拿这两个表中第一行来说，工作人员工作中正常活动范围与带电设备安全距离10kV为0.35m，而设备不停电的安全距离10kV为0.7m。"

还没等刘师傅说完，小张插了一句："这两个距离是什么关系呢？"

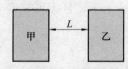

图2-1 安全距离示意图

"我们很多的电工都对这两个距离的含义不是很清晰。"说到这里，刘师傅随手在黑板上画个示意图，如图2-1所示。

"你们看这个图，甲设备是工作地点已经停电的设备，乙设备是工作地点附近的带电设备，它们之间的距离为L。当$L \geqslant 0.7m$时，在甲设备上可以正常工作。当$0.7m > L \geqslant 0.35m$时，在甲、乙这两个设备之间就必须装设绝缘的遮栏，以保障工作时的人身安全。当$L < 0.35m$时，就有两个选择，一是带电的乙设备必须停电，只有带电设备停电了，在甲设备上才能继续工作；二是如果带电设备不能停电，那甲设备上的工作就只有停止了。目的也只有一个，就是保证人身安全。"

2. 验电

刘师傅接着说："我们再说说第二条——验电。验电的目的是看要停电的设备是否确实停电了。验电过程有两个要点：一是验电器（笔）的额定电压要与被检验设备的额定电压相符，既不能用高压的验电器去检验低一级电压设备是否有电，更不能用低压验电笔去验高一级电压的设备；二是无论哪个等级电压的验电器，必须是合格好用的。"

这时有个年轻人轻声说道："验电器上贴有检验合格证就可

以了吧。"

刘师傅听到后说："贴有合格证还不行，必须确保验电器是好用的。为了保证这点，我们老师傅在现场已经习惯每次验电，（无论哪个等级电压）都在其他的确有电压的设备上检验一下验电器是否正常，然后再去进行验电。

验电的过程也很重要，首先是操作者一定要手握在高压验电器的护环以下的把手部位，在验电过程中要注意以下几点：

（1）使用高压验电器必须戴高压绝缘手套、穿绝缘靴，并有专人监护。

（2）验电时必须精神集中，不能做与验电无关的事，如接打手机等，以免错验或漏验。

（3）对线路的验电应逐相进行，对联络用的断路器或隔离开关或其他检修设备验电时，应在其进出线两侧各相分别验电。

（4）对同杆塔架设的多层电力线路进行验电时，先验低压、后验高压，先验下层、后验上层。

（5）在电容器组上验电，应待其放电完毕后再进行。

（6）验电时让验电器顶端的金属工作触头逐渐靠近带电部分，至氖泡发光或发出音响报警信号为止，不可直接接触电气设备的带电部分。验电器不应受邻近带电体的影响，以致发出错误的信号。

（7）验电时如果需要使用梯子时，应使用绝缘材料制作的牢固梯子，并应采取必要的防滑措施，禁止使用金属材料梯。如果在木杆、木梯或木架上验电，不接地线不能指示者，可在验电器绝缘杆尾部接上接地线，但应经运行值班负责人或工作负责人许可。

（8）验电完备后，应立即进行接地操作，验电后因故中断未及时进行接地，若需要继续操作必须重新验电。

（9）尽管已经验电并且验电为无电压的设备，如果表示该设备断开和允许进入间隔的信号、经常接入的电压表指示设备或线

路有电，也禁止人员进入该设备或线路。

（10）雨雪天气，禁止在室外对设备进行直接验电。"

3. 装设接地线

刘师傅接着又讲了技术措施的第三条——装设接地线。刘师傅说："接地线有三个作用：一是地线装设在工作地点的两侧，可以防止工作地点突然来电，保证工作人员的安全；二是可以消除工作地点附近带电设备给停电设备带来的感应电荷；三是可以放尽停电设备的残余电荷。"

小张听后就问："刘师傅，地线这么重要，在现场我们应该怎么做呢？"

刘师傅说："首先装设接地线应由两人进行，同时要保证接地线是合格的，合格的地线应该是软裸铜线制成的，截面积不小于25mm²。其次在装设接地线也要注意以下几点：

（1）操作之前必须检查接地线。接地线应在试验周期以内，软铜线部分应无断头、断股，金属连接部、螺栓连接处应无脱接、松动，线钩的弹力应正常，不符合要求的不应在现场使用。

（2）装设接地线前必须先验电。装设接地线应使用绝缘拉杆，戴绝缘手套，绝缘拉杆握手部分应做出明显标识。

（3）装设接地线应先接接地端，后接导体端，接地线必须使用专用的线夹固定在导体上，严禁用缠绕的方法进行接地或短路。接地线的接地端一定要用大于 M12 的螺栓拧紧，保证接触良好，连接可靠。装设过程中，人体不得碰触接地线或未接地的导线。

（4）现场如果没有接地螺栓，需要打接地桩时，要保证接地桩质量，能保证快速疏通事故大电流。严禁使用其他金属线代替接地线。

（5）同杆塔架设的多层电力线路装设接地线时，应先挂低压、后挂高压，先挂下层、后挂上层，先挂近侧、后挂远侧。

（6）现场工作不得少挂接地线或者擅自变更挂接地线地点。

（7）接地线应规范编号，字体醒目。接地线编号与存放位置应一一对应，库房中存放的接地线不应有报废品，使用中的接地线编号应与工作（操作票）填写、实际装设地点接地线编号一致。

（8）工作完毕要及时拆除接地线。拆接地线次序与装设相反。

（9）要爱护接地线。接地线使用时不得扭花，不用时应将软铜线盘好。接地线拆除后，不得从空中直接向下抛扔、随地乱摔或通过接地引下线向下过渡，要用绳索传递。注意接地线的清洁。"

4. 悬挂标示牌和装设遮栏

刘师傅最后讲了技术措施的第四条——悬挂标示牌和装设遮栏。

刘师傅说："遮栏是防止工作中误登带电设备的措施之一，将工作地点四周的带电设备用红色遮栏绳围好，并面向外挂'止步，高压危险'牌，同时将工作地点的设备用绿色遮栏绳围好，要留一个供工作人员进出的出口，并悬挂'在此工作'牌。"

"刘师傅，给讲讲装设遮栏、悬挂标示牌具体的操作吧。"

"我们设备虽然停电了，也验电并装设接地线了，但也还要防止有人错误操作将停电的设备合闸，所以在一经合闸即可送电到工作地点的断路器（开关）和隔离开关（刀闸）的操作把手上均应悬挂'禁止合闸，有人工作！'的标示牌，如果线路上有人工作，也应在线路断路器（开关）和隔离开关（刀闸）操作把手上悬挂'禁止合闸，线路有人工作！'的标示牌。

对由于设备原因，接地开关与检修设备之间连有断路器（开关），在接地开关和断路器（开关）合上后，在断路器（开关）操作把手上，应悬挂'禁止分闸！'的标示牌。"

"刘师傅，刚才不是说断路器要禁止合闸吗，怎么这里又说要禁止分闸，是怎么回事？"

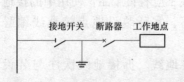

图2-2 接地开关与工作地点关系图

"我们看图2-2，工作现场是利用带接地开关进行接地的，但是接地点与工作地点之间有断路器，这时如果断路器处于分闸状态时，工作地点失去了接地线的保护，所以在这种情况下，断路器是禁止分闸的。"

"那也没有定制的'禁止分闸'标示牌呀。"

"我们可以做一个'禁止分闸'的标示牌。"刘师傅接着说，"再有就是工作地点停电的设备与附近带电设备安全距离小于前面讲到的表2-2规定距离以内的未停电设备，在这两个设备之间应装设临时遮栏，临时遮栏与带电部分的距离，不得小于表2-1的规定数值。临时遮栏可用干燥木材、橡胶或其他坚韧绝缘材料制成，装设应牢固，并悬挂'止步，高压危险！'的标示牌。"

"刘师傅，如果设的临时遮栏满足不了表2-1的距离时应该怎么办？"

"如果遮栏的安全距离满足不了表2-1的要求，我理解就应该停止工作了，但是35kV及以下设备的临时遮栏，如因工作特殊需要，可用绝缘挡板与带电部分直接接触，但此种挡板必须具有高度的绝缘性能，并按规定经绝缘试验合格。

还有，在室内高压设备上工作，应在工作地点两旁及对面运行设备间隔的遮栏（围栏）上和禁止通行的过道遮栏（围栏）上悬挂'止步，高压危险！'的标示牌。

高压开关柜内手车开关拉出后，隔离带电部位的挡板封闭后禁止开启，并设置'止步，高压危险！'的标示牌。

在室外高压设备上工作，应在工作地点四周装设围栏，其出入口要围至邻近道路旁边，并设有'从此进出！'的标示牌。工作地点四周围栏上悬挂适当数量的'止步，高压危险！'标示牌，标示牌必须朝向围栏里面。若室外配电装置的大部分设备停电，只有个别地点保留有带电设备而其他设备无触及带电导体的可能时，可以在带电设备四周装设全封闭围栏，围栏上悬挂适当数量的'止步，高压危险！'标示牌，标示牌必须朝向围栏外面。严禁越过围栏。在工作地点设置'在此工作！'的标示牌。

在室外构架上工作，则应在工作地点邻近带电部分的横梁上，悬挂'止步，高压危险！'的标示牌。在工作人员上下铁架或梯子上，应悬挂'从此上下！'的标示牌。在邻近其他可能误登的带电架构上，应悬挂'禁止攀登，高压危险！'的标示牌。"

刘师傅又特别强调："在任何时候、任何人都不允许擅自移动或拆除遮栏（围栏）、标示牌，同时也严禁翻越遮（围）栏。"

"刘师傅，我们刚才讲过了工作现场要停电、验电，也装设了接地线，这已经很安全了，为什么还要设遮栏和挂标示牌？"

"大道理，我就不讲了，在这里给你讲一个真实的故事。"刘师傅回忆起几年前的一件事，"有个星期天，我正在家休息，有人敲门，我开门一看，是同楼层的另外两家邻居老张和老李，只见两人气汹汹站在门口找我给评评理，原来这天休息，老张在家换个灯，怕触电，就把楼道的总电源开关拉开了就进屋干活，老李的孩子在家看动画片，没电了看不成就闹，老李出去看看，发现电源开关没合上，随手就给开关合上了，结果老张在屋里被电了一下，两人就吵起来了。我笑了笑对老张说'你在家干电气活，知道把电源开关拉开这是对的，你应该拉开自己家那个小开关呀。'老张说：'我不太懂电，拉小开关怕还有电。'我又告诉老张：'拉总开关也可以，但是从礼貌的角度来说，应该先和邻居打个招呼，毕竟给别人带来不便，同时在开关上留个字条：有人在干活，请不要合闸。这样就对了。'老李一听我在说老张，脸上流露出得意的样子，我转身对老李说：'你也有不对的地方，胶盖开关一般不会无缘无故掉闸，你在合闸之前应该问问邻居，可不可以合闸，你今天贸然合闸，只是把老张电一下，要是把老

张电死了，你就是过失伤害罪，要负法律责任的。'我对他们两人说：'都是邻居，相互谦让一下，什么事都能过去的。'老张和老李都不好意思，相互说声对不起，笑着回去了。"

刘师傅讲完这件事，语重心长地说："电气工作无小事，稍不注意就会出人命关天的大事，别看小小的标示牌，重要性还是蛮大的。"

刘师傅最后语重心长地说："今天讲了许多，但是重要的是你们自己在平时工作中要自觉地去规范自己的行为。"

第二节　低电压作业的安全管理

"前面讲了很多在高电压设备上的安全问题，我们再说说低电压方面的安全问题。"刘师傅刚说完，小张接了过来："刘师傅，电压高，非常危险，这大家都能想象到的，那低电压不就是220V吗!？以前我都让220V电压电过，没怎么样。"

刘师傅打断小张的话，紧接着又说道："这完全不对，我国有规定电压在1000V以下的都算是低电压，再说220V电压虽然不高，但因为使用的场所较多，又经常和人们接触，再加之人们对220V的低电压经常忽视，触电的机会也较多。因此在人身触电事故中，低压触电事故所占比重较大。特别是我国曾经就家庭用电环境做了一个调查，调查项目包括家庭用电接地是否良好，水管是否带电，相线、中性线是否错接等11项，调查结果显示，在对2386户中国城市家庭用电环境调查中，用电环境完全达标的仅576户，其余1810户都存在不同程度的隐患，中国城市家庭用电环境不达标的比例高达75.9%，因此在低压用电中，我们更应十分注意安全，避免触电。因低电压的应有十分广泛，我们就从不同的角度，分别叙述。"

低电压作业的安全规定

"首先我们先看看再低电压设备上工作有哪些规定。"刘师傅就从低电压的安全规定讲起了。

"在低压配电盘、配电箱和电源干线上的工作，应填用第二种工作票。这是规定的第一条，它讲明了使用第二种工作票的工作范围，就是低压的配电盘和配电箱以及电源的主干线。"刘师傅刚刚讲到这里，小张又提出了自己的疑问："刘师傅，我有两个问题，一个是：您在这里提到了第二种工作票，它和前面讲到的第一种工作票有什么区别？第二个问题是：如果在第二种工作票规定以外的范围工作应该怎么办？"

刘师傅笑了笑说："好，这说明小张用心了。我先讲第一个问题，第二种工作票不仅仅限于低电压的工作范围，在高电压的设备上如果有这么几项工作也要使用第二种工作票。例如：带电作业和在带电设备外壳上的工作；二次接线回路上的工作，无需将高压设备停电者；转动中的发电机、同期调相机的励磁回路或高压电动机转子电阻回路上的工作；非当值值班人员用绝缘棒和电压互感器定相或用钳形电流表测量高压回路的电流。这在前面已经提到了，我们从这几项的工作中可以看出第二种工作票，基本和第一种工作票一样，都是准许在电气设备上工作的书面命令，也同样都是执行保证安全技术措施的书面依据。所不同的是，第二种工作票无需将高电压设备停电，也就不需要在高压设备上做安全措施。只是需要根据自己不同的工作有相应的安全措施。"

刘师傅说完小张的第一个问题后，问小张："这个问题清楚了吗？"小张点了点头。

"那好，我们再看第二个问题，这个问题恰恰就是低电压作业的安全规定第二条——在低压电动机和照明回路上工作，可用口头联系。"

"就这么简单呀！"小张有点惊讶。

"别看就一句话，涵盖的内容可不少呀。"刘师傅接着说，"先说在电动机上的工作，你要询问电动机的操作者，我要检修电动机了，能不能停机，其次还要告知电动机负荷侧的受益者，让电动机负荷侧的受益者也有个准备。比如，冬天供暖的锅炉房一台电动机声音异常,当你要停机检修时,首先要询问司炉有异常的电动机能不能停下来,如果停电动机了,又影响了供暖,就应该告知有关供暖用户,因设备检修,会停止供暖一段时间,让用户有思想准备。还有,如果是一个电源开关控制一台电动机,拉开电源开关要和这台电动机的有关人员联系,如果是一个电源开关控制多台电动机,那要拉开电源开关,就要和其他电动机有关人员联系了。照明回路也是如此,特别是这些工作结束需要合开关送电前,更要通知到有关人员,免得其他人员不知已经合闸送电了,发生不应该发生的触电事故。这些工作按规定的要求只是口头联系就可以了。"

"最后我们再看看低电压作业安全规定的第三条——上述工作至少由两人进行。"

小张自言自语地说:"在高压设备上工作也有这一条。"

"对,高压设备上工作也有这条,就说明这条很重要,也就是说在电气设备上工作无论什么电压等级、什么范围,都必须要两人在一起工作,就是要相互监护,好有个照应。甚至这么说吧,就是换个照明灯泡,也应该由两个人完成,起码有个人扶扶梯子、递个东西,再说句不好的,一旦触电了,也有个急救或报信的。"

低电压作业的安全措施

"下面我们再讲讲低电压作业的安全措施。低压作业时的安全措施相对高压作业时的安全措施虽然要简单一些,但由于低压使用的范围要比高压大得多,形式也多种多样,安全措施也不尽相同,因此有时候往往被忽略而发生不应该发生的事故。有人做过统计,触电事故中绝大部分都发生在低电压的系统中。低电压作业的安全措施有三点:

(1)将检修设备的各方面电源断开,取下熔断器(保险),在隔离开关操作把手上挂'禁止合闸,有人工作!'的标示牌。"

小张听到刘师傅讲要断开各方面电源,又有些不解:"用电设备不都是一个电源吗?"

"低电压的线路网络是比较错综复杂的，有些重要的用户或设备都是多电源供电，为防止低压工作时只断开主电源，而其他电源反供电的发生，所以在低压设备工作，就要首先知道有几个电源，并且要将所有电源都断开；还有在低压系统中还有些储能设备，比如电容器，存有电荷，当外界电源断开时，电容器就相当于一个临时电源，也会反供电，造成触电事故，所以低压系统或设备停电检修时，一定要将本系统的电容器也断开。

低压系统或设备的控制都是熔断器、空气开关、胶盖开关等完成的，断开电源方法也不一样，对于熔断器来说，就要取下熔断器的熔丝管；对于胶盖开关和空气开关来说就是拉开闸刀就可以了，但是一定要在这些开关设备的操作把手上挂'禁止合闸，有人工作！'牌或标志。

（2）工作前必须验电。这也和高压系统一样的，每次工作前对停电的设备都要验电，低压验电就要用低压专用的验电笔，低压验电笔的样式也不同，有的像钢笔，所以往往叫它为验电笔，还有的像螺钉旋具，可以拧一些较小的螺钉。低电压验电笔，主要用于低压380/220V系统，它是由笔尖（螺钉旋具旋口）、高阻值碳素电阻、氖灯和笔帽加上一个弹簧串联成一体的，如图2-3所示。

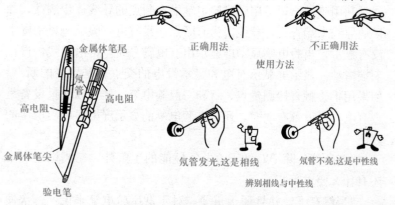

图2-3 低压验电笔的使用

验电笔外体是绝缘的，但有一处是金属的。使用时，用手握着笔体金属处，把笔尖放在被测设备上，笔尖和人体经验电笔形成回路，但是由于碳素电阻承担了大部分电压，只有很小的电流通过氖管和人体，如果氖灯发亮，就说明设备带电。在验电过程中如果使用者的手没有接触到验电笔笔体的金属部位，验电笔回路不通，也就不能准确验电。

图2-4　感应式验电笔外形

另外还有一种多用途的验电笔，它是电子的，外体上端有两个人体触点，一个是感应测量点，一个是直接测量点，如图2-4所示。如果用手接触感应测量点，把验电笔的前端放在绝缘导线外皮上，电子显示屏就会显示有没有电，利用这个功能还可以检查绝缘导线的断线点，区分相线和零线。"

小张一听刘师傅讲电子验电笔还有这些功能，很稀奇就问："用这种验电笔怎么样查找绝缘线的断点？又怎么样区分绝缘线的相线和零线？"

刘师傅拿出一支电子感应验电笔，接着说："其实很简单，就是利用感应原理，用感应验电笔沿有断点的导线逐步测试，如果从导线末端查找，导线因为有断点而没有电，验电笔显示屏也没有显示，当验电笔显示屏显示出有电符号时，再沿导线慢慢往末端滑动，显示屏显示有电和显示没电的交点就是导线的断点。如果用手接触直接测量点，就和一般验电笔一样可以测量设备是否有电，当设备有电时，还会在验电笔的显示屏上显示出电压的数值。"

"刘师傅，除了对低压验电笔性能的了解外，在测试过程中还有什么要求吗？"

"当然有了，并且还很重要。对于低压验电笔来说，每次使用都要检验验电笔的好坏尤其重要，高压验电器每年都需要进行定期试验，基本可以保证性能完好。低压验电笔就不一样了，我们平时使用的低压验电笔很少有定期检验的，甚至可以说根本就没有检验的，那么在使用时就需要我们自己随时查验验电笔的好坏了。检验的方法也很简单，就是每次使用前都要在确有电压的插座或部位先验一下电，以验证验电笔是好用的，再去要验电的部位验电。这里强调的是每次使用都要验证验电笔的好坏，例如，上午我们工作时使用了验电笔也验证了验电笔是好用的，下午再工作要用验电笔了，同样需要再次验证验电笔的好坏。这是其一。"

"那还有第二呀。"

"当然有第二个啦，就是在低电压上验电，是绝对禁止用手背快速触碰导线的方式来验电，有相当一部分电工师傅图省事，在工作中往往不用验电笔来验电，而是直接用手背触碰导线，这种验电方式验电是不准确的。我们家里也好，单位的办公室也好，过去都是水泥地面，现在大部分都是地板了；再说使用的家具，过去都兴钢木家具和办公桌椅，现在都是实木的啦，还有就是我们穿用的衣物材质和以前也大不一样了，总之一句话，随着我们生活水平的提高，我们生活中对电气的绝缘水平也水涨船高了，如果再用手背去验电，大部分时候是检验不准确，本来是有电的，你用手背验电感觉没有电，工作中就会放松警惕性，而比较随意了，结果发生了触电事故。

（3）还有最后一条，低电压作业的安全措施，即根据需要采取其他安全措施。"

"刘师傅，根据需要采取其他安全措施，这里的需要应该怎么理解？"

"因为低压电的应用十分广泛，使用的设备和电器、使用的方法以及使用人员的素质各不尽相同，所以就必须根据不同的情况，采取不同的安全措施。比如：要拉开低压三相开关、取下低压熔断器熔丝管时，一定要戴护目镜，还要戴绝缘手套，以防止

发生弧光烧伤眼睛和手。某个单位，有一次低压作业，要拉开变压器二次总开关，正常的操作顺序应该先把二次的负荷逐一断开，等所有负荷没有了，再拉总开关，结果这个操作人员忘了减二次负荷，直接就去拉总开关，造成带负荷拉二次开关，发生三相弧光短路，他还没有戴护目镜和绝缘手套，强烈的弧光将眼睛和手臂烧伤。

低电压工作，有许多电工师傅都是带电工作的，这不是不允许，只是不提倡。但是有时候必须要带电作业时，就要注意下面几点：

（1）带电作业人员必须经过专业技术培训并经考核合格。作业现场必须至少两人，其中一人进行带电作业，另一人专门进行监护。

（2）带电作业人员包括监护人员，必须戴好绝缘手套、穿好绝缘鞋、戴好安全帽和护目镜等个人安全用具，作业时要站在绝缘板或绝缘台上。

（3）带电作业人员工作中必须使用绝缘工具。

（4）带电作业的工作空间不得过分狭小，如果过分狭小，而附近又有其他带电设备或线路，必须对其他带电体进行隔离或停电后方可进行工作。

（5）带电作业前，作业人员必须对所作业地点、环境和设备进行核对，分清相线、中性线和保护地线，在作业中一次只能接触一根导线，如果需要切断导线或断开电源时，应先切断或断开相线，后切断或断开中性线或保护地线；需要接通线路或设备时操作顺序相反。

（6）断开相线时，先断开一根相线，并且必须将断开的相线端头做好绝缘后，才允许断开另一根相线。断开的导线必须做好相序记号，接通时按原来的导线位置连接牢固，并将导线接头的绝缘恢复到导线原来的绝缘强度。"

第三章

家庭电气安全

第一节 配 电 系 统

"在讲家庭电气安全之前，我们还是先认识一下我国现在实行的低压供电形式。"

 ### TN-C系统

"我国在前些年在低压上实行的是 TN-C 系统。"刘师傅一边说一边画了一张图，如图3-1所示。

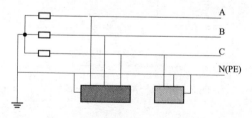

图3-1 低压配电的 TN-C 系统

"TN-C 系统也就是我们现场工人常说的'三相四线制'。其中的 N 线与 PE 线全部合为一根 PEN 线，并有单相设备的工作电流通过，因此对某些接 PEN 线的用电电器产生电磁干扰。如果 PEN 线断线，可能使接 PEN 线的用电装置的外壳部分带电而造成人身触电危险。"

"现在我国已经实行 TN-S 系统，如图 3-2 所示。TN-S 系统和 TN-C 系统没有太大的区别，主要是经系统中性点接地处多接出一根专用的保护线，也就是我们现场工人常说的'三相五线制'。是当前非常适用的配电系统，特别是现在的住宅建设，普遍采用 TN-S 系统供电，其中的 N 线与 PE 线全部分开，主要作用于单相设备的工作电流，而设备的外壳可导电部分均接 PE 线。由于 PE 线是专用的保护线，其中无电流通过，因此设备之间不会产生电磁干扰。PE 线断线时，正常情况下不会使接 PE 线的设备外壳可导电部分带电；但在有设备发生一相接壳故障时，将使其他所有接 PE 线的设备外壳可导电部分带电，而造成人身触电危险。为此本系统要求 PE 保护线应该进行多地点接地。该系统在发生单相接地故障时，线路的保护装置动作，将切除故障线路。TN-S 系统主要用于对安全要求较高（如潮湿易触电的浴室和居民住宅等）的场所。"

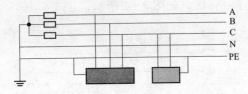

图 3-2　低压配电的 TN-S 系统

TN-C-S系统

"TN-C-S 系统的前一部分全部为 TN-C 系统，而后边有一部分为 TN-C 系统，有一部分则为 TN-S 系统，其中设备的外壳可导电部分接 PEN 线或 PE 线，如图 3-3 所示。该系统综合了 TN-C 系统和 TN-S 系统的特点，因此比较灵活，对安全要求和抗电磁干扰要求高的场所，宜采用 TN-S 系统，而其他一般场所则采用 TN－C 系统。住宅建设的供电系统也采用 TN－C－S系统。"

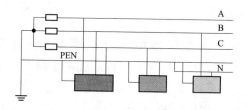

图 3－3 低压配电的 TN－C－S 系统

"系统变压器的中性点直接接地，而接在 TT 系统的电气设备，其中设备的外壳可导电部分均各自经接地线单独接地，如图 3－4所示，接于该系统的各个电气设备是各自接地而互无电气联系，因此设备相互之间不会发生电磁干扰问题。

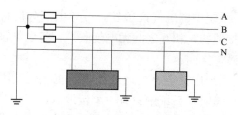

图 3－4 低压配电的 TT 系统

该系统如线路或设备发生单相接地故障，则形成单相短路，线路的保护装置动作于跳闸，切除故障线路。

TT 系统的缺点是接于系统的电气设备如果出现设备的绝缘不良发生漏电现象时，由于漏电电流较小，不足以使保护动作，致使漏电的设备外壳会长时间带电，容易发生人身感电事故，因此该系统必须装设灵敏度较高的漏电保护装置，以确保人身安全。

小张学电气安全(第二版)

该系统适用于安全要求及对抗电磁干扰要求较高的场所。这种配电系统目前现在我国的住宅供电系统也开始推广应用。"

 IT系统

"IT系统中的变压器中性点不接地，或经高阻抗（约1000Ω）接地，如图3-5所示。该系统由于没有N线，因此不能接额定电压为系统相电压的单相用电设备，只能接额定电压为系统线电压的单相用电设备。所以本系统不适合住宅供电系统，系统中所有设备的外壳可导电部分经各自的保护线分别接地。

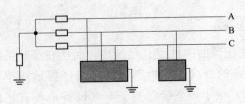

图3-5 低压配电的IT系统

接在IT系统中的电气设备外壳可导电部分的接地保护线也是分开各自接地的，相互之间无电气联系，各电气设备之间也就不会发生电磁干扰问题。

由于IT系统中性点不接地或经高阻抗接地，因此当系统发生单相接地故障时，系统中只有一个接地点，三相之间还是保持对称的，所以三相用电设备及接线电压的单相用电设备仍能继续运行。但是在发生单相接地故障时，应发出报警信号，以便及时处理。

IT系统主要用于对连续供电要求较高及有易燃易爆危险的场所，特别是矿山、井下等场所的供电。"

介绍完配电系统的形式后，刘师傅又接着说道："我们熟悉了我国低压配电系统的形式，下面我们来看看家庭的安全用电知识。一般家庭的安全用电可以分为家庭装修安全用电和家庭生活安全用电两部分。"

第二节　家庭生活安全用电

"家庭生活中的安全用电包括方方面面，比较杂散，我就想到哪里说到哪里。"刘师傅首先以这样的内容做了开场白。

 家庭电气安全常识

"我们每个家庭都应该准备一些必要的电工器具，比如验电笔、螺钉旋具、钳子等，如家里的电源总开关如果还是胶盖刀闸，就应该还准备一些与家庭电气容量匹配的熔丝，任何情况下严禁区用铜、铁丝代替熔丝。同时家里的成员应该了解一些基础的电气常识，必要时换换熔丝还是应该的，但是一定要记住更换熔丝时要拔下瓷盒盖或拉开胶盖开关更换，不得直接在瓷盒内搭接熔丝，不得在带电情况下（未拉开开关）更换熔丝。

每个家庭都应有自己的电源总开关，如果使用的是胶盖开关或磁盒开关，就应该换成带有漏电保护功能的空气开关。

当家庭总电源的空气开关自动跳闸或熔丝熔断时，必须查明开关动作原因并消除故障后，才能再合上开关。任何情况下都不得用金属线将胶盖开关、磁盒开关熔丝部位短接或者压住漏电开关跳闸机构强行送电。

家庭配线中间不应该有接头。分线盒里的导线分支接头应按工艺标准缠绕牢固，最好烫锡后用绝缘胶布缠绕，绝缘胶布缠绕后的导线接头的绝缘强度不应低于导线原有的绝缘强度。禁止用医用胶布或其他胶带代替电工胶布包扎接头。

导线与开关、保险盒、灯头等的连接应牢固可靠、接触良好。连接方式如果是压接形式，则导线的绝缘外皮剥离的长度应合适，绝缘皮剥离多了，导线外露得多，人员易误碰感电或两相相碰造成相间短路。连接方式如果是导线缠绕螺钉的形式，则导线必须是按顺时针方向紧贴螺钉。"

"刘师傅，你这里讲导线缠绕螺钉时必须要顺时针方向，这是为什么？"小张有点不理解。

"小张，我问你一个问题，我们一般使用的正扣螺钉，要拧紧的时候，是什么方向？"

"这个我知道，正扣的螺钉要拧紧的时候是顺时针方向。"

"那好，回到你的问题，导线如果是逆时针方向缠绕螺钉，当我们要拧紧螺钉时，就会把导线挤出螺钉压片，造成接触不好发热。"

刘师傅回答完小张的问题又继续往下讲："绕回的导线端头不得压在导线根部。多股软铜导线应剥离绝缘后，将多股软线头拢合在一起再绞合成一股导线，再按顺时针方向压在接头螺钉垫片下，防止细股线散开碰到另一接头上造成短路。

农村有相当多的房屋是木质的结构，这样的家庭配线不得将导线直接敷设在易燃的建筑材料上面。如需在木料上布线，必须使用瓷珠、瓷夹子或穿塑料管，导线穿越木板必须使用瓷套管。不得使用易燃塑料和其他的易燃材料作为装饰用料。

还有，导线布线尽量避开家庭的其他管线，如果避不开时，也要保持一定的距离。当电线管敷设在热水管下面时，距离为0.2m，在上面时为0.3m，当不能符合上述要求时，应采取隔热措施；电线管与其他管道（不包括可燃气体及易燃、可燃液体管道）的平行净距不应小于0.1m。当与水管同侧敷设时，宜敷设在水管的上面。管线互相交叉时的距离，不宜小于相应上述情况的平行净距。

接地或接零线虽然正常时不带电，但断线后如遇漏电会使电器外壳带电；如遇短路，接地线也会有电流通过，因此接地（接零）线规格应不小于相导线，在其上不得装开关或熔丝，也不得有接头。

接地线不得接在自来水管上（因为现在自来水管接头堵漏用的都是绝缘带，没有接地效果），不得接在煤气管上（以防电火花引起煤气爆炸），不得接在电话线的地线上（以防强电窜弱电），也不得接在避雷线的引下线上（以防雷电时反击）。

所有的开关、熔断器盒都必须有盖。胶木盖板老化、残缺不全者必须更换。脏污受潮者必须停电擦抹干净后才能使用。

在敷设室内配线时，相线、零线应标志明晰，并与家用电器接线保持一致，不得互相接错。我们现在通用的办法是用导线的颜色来标志导线的类别：保护地线（PE线）应是黄绿相间色，零线用淡蓝色；相线：A相—黄色，B相—绿色，C相—红色。照明控制线也就是接开关的线可用黑色、白色。某一个家庭中的导线绝缘层颜色选择应一致。

家庭里的电源线禁止乱拉乱扯，更不要将电源线拖放在地面上，以防电源线绊人，并防止损坏绝缘。禁止用湿手接触带电的开关，禁止用湿手拔、插电源插头，拔、插电源插头时手指不得接触触头的金属部分，也不能用湿手更换电气元件或灯泡。

对室内配线和电气设备要定期进行绝缘检查，发现破损要及时用电工胶布包缠。紧急情况需要切断电源导线时，必须用绝缘电工钳或带绝缘手柄的刀具。抢救触电人员时，首先要断开电源或用木板、绝缘杆挑开电源线，千万不要用手直接拖拉触电人员，以免连环触电。"

家用电器安全常识

"购买家用电器时应认真查看产品说明书的技术参数（如频率、电压等）是否符合本地用电要求。要清楚耗电功率多少、家庭已有的供电能力是否满足要求，特别是要检查配线容量、插头、插座、熔丝是否满足要求。

购买家用电器还应了解其绝缘性能是一般绝缘、加强绝缘，还是双重绝缘。如果是靠接地作漏电保护的，则接地线必不可少。即使是加强绝缘或双重绝缘的电气设备，作保护接地或保护接零也有好处。

购买家用电器时，特别是小家电类，一定要选择正规厂家的合格产品，否则其电气绝缘性能得不到保障，往往会引起安全隐患。特别是在农村市场，假冒伪劣低压电器大量存在。在购买低压电器，例如插座、开关、导线等电气产品时不能只考虑价格、贪图便宜而不关心质量。因劣质低压电气产品通常有破损，金属元件外露和绝缘性能差等问题。使用者极容易发生触电事故。因此应选用符合国家标准、规格型号合适的电器要求的插座、开关等低压电器。购买的电气产品不能有破损，金属元件不能外露。家庭厨卫选用防潮、防水的电气产品，所购买的低压电器一定要有 3C 认证。

带有电动机类的家用电器（如电风扇等），还应了解其运行方式是短时运行还是长时运行，并应了解其耐热水平，如果需要长时间连续运行，还要给家用电器创造一个良好的散热条件，随时注意电器温度。

安装家用电器前应查看产品说明书对安装环境的要求，特别注意在可能的条件下，不要把家用电器安装在湿热、灰尘多或有易燃、易爆、腐蚀性气体的环境中。

如果家庭原用电气设施容量不能满足家用电器容量要求时，应予更换改造，严禁凑合使用，否则电气设施超负荷运行不仅会损坏电气设备，还可能引起电气火灾。

家用电器与电源连接必须采用可开断的开关或插接头，禁止用将导线直接插入或拔出插座孔的方式控制家用电器的使用。

凡要求有保护接地或保安接零的家用电器，都应采用三脚插头和三眼插座，不得用双脚插头和双眼插座代用，造成接地（或接零）线空挡。

家用电器试用前应对照说明书，将所有开关、按钮都置于原始停机位置，然后按说明书要求的开停操作顺序操作。如果有运动部件（如摇头风扇），应事先考虑足够的运动空间。

家用电器通电后发现冒火花、冒烟或有烧焦味等异常情况时，应立即停机并切断电源，进行检查。移动家用电器时一定要切断电源，以防触电。

发热电器必须远离易燃物料。电炉子，取暖炉、电熨斗等发热电器不得直接搁在木板上，以免引起火灾。使用发热电器时，使用人不得远离发热电器，如果必须离开时，一定要断开电源，并等发热电器的温度降到安全温度时再离开。

对于经常手拿使用的家用电器（如电吹风、电烙铁等），切忌将电线缠绕在手上使用。对于接触人体的家用电器，如电热毯、电热帽、电热褥子等，使用前应通电试验检查，确无漏电后才接触人体。

不用湿手、湿布擦带电的灯头

禁止用拽导线的方法来移动家用电器，同时也禁止用拽导线的方法来拔插头。家用电器使用插头时，先插在不带电的插座上，最后才合上开关或插上带电侧插座；停用家用电器则相反，先拉开带电侧开关或拔出带电侧插座，然后再拔出不带电侧的插座（如果需要拔出话）。

家用电器除电冰箱这类电器外，都要随手关掉电源，特别是电热类电器，要防止长时间发热造成火灾。

严禁使用床开关。除电热毯外，不要把带电的电气设备引上床，靠近睡眠的人体。即使使用电热毯，如果没有必要整夜通电保暖，也建议发热后断电使用，以保安全。

家用电器烧焦、冒烟、着火，必须立即断开电源，切不可用水或泡沫灭火器浇喷。

在雨季前或长时间不用又重新使用的家用电器，用500V绝缘电阻表测量其绝缘电阻应不低于1MΩ，方可认为绝缘良好，可正常使用。如无绝缘电阻表，至少也应用验电笔经常检查有无漏电现象。对经常使用的家用电器，应保持其干燥和清洁，不要用汽油、酒精、肥皂水、去污粉等带腐蚀或导电的液体擦抹家用电器表面。

家用电器损坏后要请专业人员或送修理店修理，严禁非专业人员在带电情况下打开家用电器外壳。"

刘师傅最后说："家庭安全用电的内涵很多，也很细微，今天就想到了这么多，也就说到这些。其实就是要我们规范用电设备，规范用电环境，规范用电意识。"

第三节　家庭装修安全用电

"现在每当我们有了新的房子的时候，特别是年轻人要结婚时，都要把房子重新装修一番，其中电气的装修就占了很大一部分，从这里一开始，我们就要注重电气的安全问题，不然以后我们生活中使用电器，不是感觉不方便，就是容易出现安全隐患。"刘师傅说道。

"房子的电气装修都有哪些要注意的呢？"小张很感兴趣地问。

"现在房子装修有两种情况：一个是买的新房子，像这种新房子电气的设计和施工都是实施的国家新标准，比较规范，措施也比较完善，只是住户根据自己的居住习惯，可能会在这里装个插座，在那里添加个壁灯，或者把开关挪个位置做一些重新布置，无论怎么改动，都应有原则：一定不要改变原有的电气总布局；自己所选用导线的电流容量也不能小于原有导线容量；购买的电气设备（如开关、灯具、导线及插座等）一定要选正规厂家的合格产品。对于家电来说，如果配置的比较多、容量相对大一些时，就要核算一下原有的导线及总开关的容量够不够，如果不够用，要一并更换以满足容量的需要。"

"刘师傅，那像我家是旧房子，要想重新改造电气的话，都应该怎么做呢？"

"使用面积为 56m² 以上的两居室及以上住宅的用电负荷不能小于 4.0kW。应注意的是，这只是基于安全考虑的最低要求。目前，生活水平的提高已带动家庭电气化程度的提高，很多住宅的用电负荷早已超过此标准很多。因此，考虑未来可发展的裕量，最好按用电负荷至少在 6.0kW 以上来考虑电气改造。室内的电气线路如果是铝线，就要全部淘汰，更换为 BV 铜导线，同时线路截面有足够的裕量。室内的总开关及分开关要更换为带有漏电保护功能的自动空气开关。"

"刘师傅,您这里提的分开关指的是什么?"

"过去我们一般家庭电气总开关就是一个胶盖闸刀,现在胶盖开关取消了,改为带有漏电保护功能的空气开关,同时总的空气开关下面分成几个回路。线路的导线应选用铜芯塑料线,进户线不应小于 $6mm^2$,干线不应小于 $4mm^2$,一般插座回路不小于 $2.5mm^2$。空调回路应单设一路,其截面不应小于 $2.5mm^2$,若一般插座和空调为一回路时,其干线不应小于 $4mm^2$。

根据每套房子的面积及居室多少,一般照明分为 2~3 个回路,插座也同样分为 2~3 个回路,空调插座应单独设一个回路,每个回路都应有一个分开关。

一般来说,照明回路的导线应选用 $2.5mm^2$ BV 铜导线;插座回路应选用 $4mm^2$ BV 铜导线,而空调回路就应选 4~$6mm^2$ BV 铜导线。

现在有个现实问题,就是市场上出售的导线一般标称截面积都不够,所以对于负荷较大的回路导线就应选择大一号的导线。"

"除了回路和导线型号的要求外,导线的敷设也有要求。"刘师傅又接着讲道。

"导线埋墙里就可以了吧?"小张问道。

"导线不可以直接埋墙里,因为水泥和白灰对导线的绝缘层有腐蚀作用,时间一长,导线外皮绝缘不好,墙体再受潮,导线就会漏电,使得墙体带电,这就很危险了。"

"刘师傅,一次我同学家装修,我去看见电工把导线套在一个软塑料管里,再把塑料管钉在墙沟里,这样可以吗?"

"这样施工也是不规范的,首先是这样的施工,会使导线在工作时散热不好,留下事故隐患;再有就是一旦导线出现问题,要更换导线就是不可能的了。也就是说这样敷设的导线是一次性的。"

"那正确的导线敷设方法应是什么样的?"

"正确的导线敷设方法应该先把导线穿在 PV 硬塑料管内，塑料管的粗细应根据导线的根数和截面选择，导线的截面一般不应超过塑料管截面的 60%。还有导线在塑料管内不应有接头，如遇到导线接头或分支时，应设置分线盒，分线盒内的导线接头往往是电气事故的多发地，所以导线的接头按规定接好后，一定要烫锡。"

"刘师傅，你这里说的烫锡是怎么回事？"

"因为导线的接头往往是电气事故的多发处，导线接头接的不规范，就会加大导线的接触电阻，导致此处发热。另外，两根导线连接处也会随着时间的延长而氧化增加接触电阻，同样使得接头发热，形成恶性循环，最终导致电气事故。烫锡就是将连接好的导线接头在加热融化的锡水中蘸一下，让导线接头外面裹上一层金属锡，这样导线接头就成为一个整体，减少了接触电阻，另外锡层也防止了导线接头的氧化。这时再把硬塑料管用卡子固定在墙上预先凿好沟里，待所有线路敷设完后，一定要做通路实验，查验接线是否正确；还要用 500V 绝缘电阻表测量所敷设导线的绝缘。一切正常后，用水泥或白灰封埋塑料管。"

"下面，我们再说说家庭电气装修和改造过程中的开关和插座。

照明回路中的开关和胶盖闸刀、空气开关不一样，它不是控制两条导线，而是只控制一条导线，这就要求照明回路中的开关必须安装在回路的相线上，也就是我们习惯说的'火线'上，如图 3-6 所示；而图 3-7 则是开关不正确的接法。"

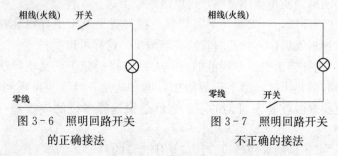

图 3-6 照明回路开关　　　　　图 3-7 照明回路开关
的正确接法　　　　　　　　不正确的接法

"刘师傅，从这两个图上看功能没有什么区别，开关都能正常控制灯具呀！"

"从使用上看是没有什么区别的。但是从图3-7的图上可以看出：开关断开时，灯具仍接在相线上还有电，当我们更换灯泡或擦拭灯具时就有感电的危险。而图3-6接线的灯具就没有这种感电的隐患。"

"我们再说说插座。插座的安全隐患在家庭中占的比重很大，应该引起我们的高度重视，首先我们选购插座时要先拆开看看内部材质和结构，有些厂家使用的铜材不纯、结构也很单薄，我们在使用中插座就很容易发热而导致事故发生。劣质插座危害巨大，它不仅损害电器，更会引发令人痛心的惨剧！例如：2010年2月，一个临时商铺，就因插座插头接触不良过热自燃引发火灾，店内货物被烧毁，并造成5人死亡。

插座的设置应为电器提供足够的电源接口，并且方便使用，尽量避开家具放置的位置。居室、厅不应少于3组（每组插座均有二、三极插孔），其中一组要考虑空调用电。空调插座应设在外墙内距地约2.2m，其插座为15A三孔插座。卫生间应装设防溅型插座两组，为洗衣机沐浴器供电。厨房至少设2组插座，为抽油烟机、水箱、微波炉等提供电源。

现在插座一般都安装在距地面300mm的低处，儿童由于好奇常常会用手去扣插孔而导致感电，所以插座也一定要选用带有安全护盖的插座。

因为我国现在对住宅建筑实行的是TN-S系统。所以插座的接线也是很讲究的，对于双孔插座，如图3-8所示：水平安装时，面对插座，左边孔是零线，右边孔是相线。垂直安装时，插座下面的孔是零线，上面的孔是相线。对于三孔的插座，最上面的孔接PE线，下面的左侧应该是零线，右侧为相线，如图3-9所示。"

"刘师傅，我家是20多年前的老楼，还是三相四线制，我如

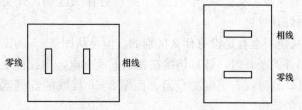

图3-8　双孔插座的接线

果要加个三孔插座，是不是可以这样接线。"小张说着画个三孔插座的接线图，如图3-10所示。

图3-9　三孔插座的接线　　　图3-10　错误的三孔插座接线

"这样接线是绝对不可以的，三孔插座中的保护线（PE线）是和家用电器的外壳连在一起的，就是要防止家用电器的外壳带电，对于单相电源的家用电器来说，零线在工作的时候是有电流的，你把三孔插座的零线和保护线接在一起了，就相当于把家用电器的外壳和有电流的导线接在一起了，尽管电位很低，一旦有人接触到电器外壳，就有感电的可能性，特别是当零线断线时，这个插座的电器外壳就有220V的电压了。"

"我们说过了，家里的开关和插座，再说说用电安全的重点区域——卫生间。随着人们生活水平的提高，卫生间不再单单是厕所的功能了，还具备了洗漱和洗浴的功能，这就对卫生间的用电装修提出了更高的要求。首先是卫生间的灯具、插座都要选择具备防水溅和水汽的功能，以防止使用中发生漏电现象。由于开关不具备上述功能，所以卫生间内所有电器的开关不能安装在卫生间内，只能安装在卫生间门外。更主要的是卫生间一定要做等电位连接。"

 等电位连接

"刘师傅，我还是头一回听说等电位连接，什么是等电位连接呢？"

"卫生间内经常用水，湿度比较大，非常容易发生电器漏电的现象。为防止漏电而发生感电，就需要在卫生间作等电位连接，即将卫生间内将各种金属管道、楼板中的钢筋以及进入卫生间的保护线和用电设备外壳用热镀锌扁钢或铜芯导线相互连通。在卫生间内作局部等电位连接，可使卫生间各个部位、各个设备处于同一电位，有助于减少电位差，防止出现危险的接触电压。由此可见，等电位就好比是消火栓，也好比是汽车中的安全气囊，其安全性和重要性不可忽视。"

"刘师傅，那卫生间的电热水器的外壳不是已经通过地线接地了吗，那还需要做等电位连接吗？"

"等电位连接和 PE 保护接地是不同的两个概念。接地保护是当一台电器绝缘不好漏电时，能防止人接触这台电器时发生接触电压触电；而等电位连接是将所有的电器外壳连在一起，让它们不论什么情况下都处在一个电位水平上，当然人体在这个位置上也是一个相同的电位，由于没有了电位差，人体也就不会触电了。"

刘师傅看小张有点没理解，就继续说："这样吧，我给你举个实际例子：卫生间洗浴用的电热水器只用了 PE 接地保护而没有做等电位连接，假设电热水器漏电，由于有接地保护，外壳的电压也就只有 12V，人体电阻正常时是 2000Ω 左右，人体就是直接接触了电热水器，通过人体的电流也就是 6mA，这时也应该是安全的；但是当人在洗浴时，由于人体都是潮湿的，这个时候人体的电阻大概只有 200Ω 左右，加之水是导电的，这个时候

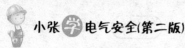

经过人体的电流就是 60mA，超过安全电流 1 倍多，可以说是致命的。媒体多次报道过这样的安全事故。而在卫生间做了等电位连接就大不一样了，人体也是这个电位，当然就不会发生触电事故了。"

"哦，这样一说，就明白了。那还有个问题，就是等电位连接具体要怎么做?"小张接着问。

刘师傅看小张明白了等电位连接的作用，又继续讲:"现在新设计的住宅楼应该是已经做了等电位连接。"

还没等刘师傅说完，小张连忙说:"我家是以前的老式住宅，肯定没有等电位连接，那怎么做?"

"卫生间的等电位连接必须从整个卫生间的基础开始，原有的墙面和地面都去掉不要，在卫生间适当的地方安装一个等电位连接箱，然后就是四周墙面的钢筋、底板的钢筋都要用圆钢跨接焊通在一起，再用一根导线连到等电位连接箱;上下穿过楼板连通的金属管道也要焊接导线再连接到等电位连接箱;在打算安装热水器及其他需要等电位连接的地方预埋等电位连接线，最后用等电位连接测试仪检测等电位连接总电阻小于 3Ω，合格后就可以做防水层地面和墙面的瓷砖了。"

"刘师傅，您刚才提到需要做等电位连接的地方都要做等电位连接，具体有哪些地方应该做等电位连接?"

"如图 3-11 所示，像以下这样的一些设施都应进行等电位连接:

(1) 金属搪瓷浴盆及金属管道应进行局部等电位连接。

(2) 淋浴为金属管道的应进行局部等电位连接。

(3) 洗脸盆下金属存水弯与金属排水管道相连时应进行局部等电位连接。

(4) 洗脸盆金属支架预埋件与混凝土墙内钢筋相连，金属支架应等电位连接。

(5) 金属排水立管应进行局部等电位连接。"

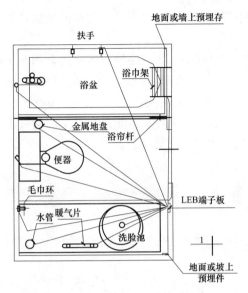

图 3-11 等电位连接示意图

"但是,"刘师傅又接着说,"也有一些设施不必做等电位连接,如:

(1) 金属地漏、扶手、浴巾架、肥皂盒等孤立之物。

(2) 非金属浴盆及塑料管道。

(3) 淋浴为塑料管道时,喷头及软管是金属材料的。

(4) 洗脸盆下的金属存水弯与非金属排水管道相连的。

(5) 洗脸盆金属支架未与混凝土内钢筋相连的。"

"刘师傅,我家是老式住宅,做等电位连接这么复杂,卫生间不做等电位连接可以吗?"小张小声地问刘师傅。

"也不是不可以,老式住宅大部分卫生间都没有等电位连接,但是在使用中一定要注意下面几点:

(1) 在洗浴前,拔掉卫生间全部的电器电源插头,需等待卫生间干燥后再恢复。

(2) 卫生间少装、少用家用电器。

（3）选用带储水的电加热器，不用即时电加热器，洗浴时拔掉电源插头。

（4）在洗浴过程中，如需接触卫生间的金属龙头和管道，可先用手背轻微触碰，如有电击和麻木的感觉，应尽快离开卫生间。

（5）如发生触电，抢救者不能进入卫生间与被击者接触，应立即切断住宅总电源，方可施救。"

小张学电气安全(第二版)

第四章

工矿企业电气安全

第一节　企业安全用电管理

　　"对于企业的安全用电方面，我们还是先从用电的管理说起吧。"刘师傅就这样开始了新的话题。"企业的生产、运行离不开电，企业要想安全生产，就必须管理好电。"

　　"刘师傅，企业要管理好电，那具体要怎么做呢?"小张问道。

　　"对于企业来说，电工是一个工种，也是一个岗位，所以在这个岗位从事工作的所有电工都必须持证上岗。也就是说，各不同领域的电工，像值班电工、检修电工、安装电工、维护电工甚至包括电钳工，都必须经过专业的培训，具备一定的电气知识，并且熟悉《电业安全工作规程》，再经严格的考试，才能获得国家电力监察部门颁发的进网作业许可证，同时也要经过当地安全监察部门的培训和考试，获得特种作业操作许可证，才能正式成为一名电工，可以从事电气工作。"

　　"这么严格呀! 快赶上考驾照了。"小张惊讶地说了一句。

　　"电工持证上岗，不逊于司机的持驾照开车。司机无照开车是违法的，这在我们心中是清楚的;但是无证从事电气工作也同样是违法的，只不过这点在我们心中还不是被重视。这也需要有关部门通过宣传、督查来提高人们的重视程度。

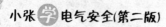
还有工矿企事业单位的各级领导和从事电气工作人员，除了要严格执行《电业安全工作规程》的规定外，还要根据自己单位的设备、工艺和环境的具体情况，制定更适合本单位的电气安全措施和操作程序。"

企事业单位用电的设备技术档案和管理制度

"还要强调一点就是企事业单位凡是有自己的变电站的，都应当根据自己企业生产特点在变电站（所）建立健全的管理制度。俗话说：没有规矩不成方圆。为保证人身和设备的安全，特别是企事业单位的变电站应该具备应有的规章制度和必备的资料。"

"刘师傅，结合咱们厂的变电站，说说都应该具备哪些规章制度和资料吧。"小张说。

"（1）变电站必须建立、健全的各种设备技术档案如下：

1）设备制造厂家使用说明书。变电站内所安装的电气设备都应具有生产厂家的设备使用说明书，按说明书的要求规范电气设备运行参数。

2）出厂试验记录。即电气设备出厂时由生产厂家所做的设备试验记录，随同设备一起由生产厂家提供，主要用来作为试验时设备试验参数的对照参考，便于分析设备的健康状态。

3）安装、交接有关资料。这是由设备安装施工单位转来的设备安装过程的详细记录，包括安装设计图纸、安装工艺、安装调试及试验结论等，是设备接受验收的依据。

4）改建和大、小修施工记录及竣工报告。这是设备历年大、小修施工的竣工报告，包括历年设备大、小修的时间、人员、解决的存在问题及最后的调试参数试验数据。

5）历年大修及定期预防性试验报告。这里包括设备大修后的试验报告及每次设备所做的预防性试验报告，由试验单位提交。通过历次的预防性试验报告中可以分析设备的健康状态。

6）设备事故、障碍及运行专题报告。这是专门针对设备事故、障碍所提出的报告，包括设备每次事故、障碍的时间、现象、处理过程及发生事故、障碍原因的报告。

（2）变电站应具有的管理制度如下：

1）岗位责任制度。明确变电站各个岗位的职责和权限。

2）交接班制度。规定了变电站交接班的时间、程序、内容等，还规定了因故不能按时进行交接班的处置预案。

3）倒闸操作票制度。根据变电站的接线方式以及厂用电的重要性顺序，规定具体倒闸操作程序和步骤以及操作时的注意事项。

4）设备巡回检查制度。根据变电站设备规定的巡视检查的时间、路线和重点检查内容，以及在巡视中发现问题的处置。

5）设备检修制度。根据变电站的设备，规定设备检修的期限、申请、批准和验收的要求。

6）工器具保管制度。规定变电站工器具、仪表等保管方式、保管环境以及外借、归还的要求。

7）消防管理制度。根据变电站的人员和设备，规定变电站的消防组织及消防责任，以及各种消防设施的分布及使用。

8）事故处理制度。预想变电站各种事故发生时的组织分工、处理原则与方案，特别是规定变电站主要设备事故的处理预案。"

建立完善各种记录

"变电站（所）除了要建立健全这些有关的设备技术档案和规章制度外，还应当建立完善的各种记录和相关指示图表。

1. 记录

（1）运行记录簿。

1）由当值人员填写，应填写年、月、日、天气情况、交接班时间和参加交接班人员姓名。

2）变电站的运行方式。

3）设备投运和停运情况。

4）设备检修、试验、安全措施的布置和工作票执行情况。

5）继电保护、自动装置及仪表运行变更情况。

6）事故发生的时间、内容以及处理经过。

7）设备的异常现象和发现的缺陷以及缺陷处理情况。

8）调度和上级有关运行工作的通知和指示。

9）受理工作票的情况。

10）交接班和交接小结以及与运行有关的其他事宜。

（2）操作记录簿。

1）记录调度发令及变电站授权人姓名、操作命令编号、操作命令的内容、发布预令、动令时间及正式执行操作的时间和内容。

2）记录本班倒闸操作项目、内容及时间。

3）操作任务完成后应填写终了时间。

4）记录倒闸操作内容，其他内容均记录入运行记录簿。

（3）设备缺陷记录簿。

1）发现缺陷由站长或值班长定性，然后填入记录中。

2）记录运行、检修、试验人员所发现的缺陷。

3）按缺陷定性程度分页填写。

4）记录发现缺陷的时间、内容、分类和发现人姓名。

5）缺陷消除后，应及时填上消除日期，消除人员和验收人员的姓名。

6）本单位不能消除的缺陷，应上报单位主管领导，督促及时消除，并做好记录。

（4）断路器动作记录簿。

1）记录由当值人员填写并签名。

2）按断路器（开关）或线路名称分页填写，记录跳闸原因、保护及重合闸动作情况、外观检查情况、最近一次检修日期。

3）保护动作跳闸，未重合或重合良好计1次，如重合闸动作不成功，应统计为故障跳闸 2 次，并记载累计跳闸次数。

4）自动跳闸应填写跳闸原因和时间。

5）记录上次检修日期（便于核对跳闸次数，确定下次检修日期），断路器大修后，累计次数从该次检修后重新统计。

（5）设备检修、试验记录簿。

1）按设备名称分页进行，记录检修和试验设备的工作日期、检修类别、检修内容。

2）记录由工作负责人填写并签名，值班长审核后签名，按值移交。

3）记录缺陷处理经过、试验项目、试验数据、设备能否投入运行等结论，以及工作负责人和验收人员姓名。

（6）继电保护、自动装置、（远动装置）调试工作记录簿。

1）该记录簿由继电保护人员填写，填写完毕后，由工作负责人向值班人员交代所记录的内容，注意事项，保护装置，自动装置动作原理，操作步骤以及所下的结论。

2）该记录簿按设备或线路名称分页进行填写。记录设备保护装置、自动装置的调试工作内容，以及保护装置和自动装置的整定值、接线变更、试验中所发现的异常及处理情况、模拟试验和带负荷试验结果、调试人员所下的结论。

3）值班负责人将记录簿中所记录的内容与实际设备核对无误后，与工作负责人在记录簿上共同签名。

4）值班负责人要按值向下值顺序交接，各值运行人员均应了解其全部内容。

5）变电站站长、值班负责人、值班员均要对记录进行审核，并在值班人员栏内签名，签名方式一律采用手写，不准盖章，不准代签。

（7）事故预想记录簿。

1）事故预想每周每值一次，由当值值班长组织进行。值班长负责填写当时系统运行方式、预想题目、事故现象、并向值班员交代清楚。

2）值班员根据值班长所交代的当时系统运行方式、事故现象判明是什么事故，填写出正确的处理步骤。

3）值班员处理步骤填写完毕后，值班长要逐一进行审核，如有遗漏或需要补充的地方，填写在值班长补充步骤栏内，无补充填写时，写"无"。

4）变电站负责人每月审核一次，并将审核意见填写在审核意见栏内，并在审核人处签字。

（8）培训工作记录簿。

1）应制订年培训工作计划。

2）记录培训工作计划的执行情况及具体内容，记录技术问答、考问讲解、反事故演习、考试、集中学习等项目的内容、时间、参加人数、学时数。

（9）避雷器动作记录簿。

1）按电压等级及运行编号、名称分组进行记录。

2）避雷器在新投运和试验检修后投入运行前，应把动作记录器表示数字记录下来。

3）每次雷雨后，都应检查避雷器动作计数器指示情况，并做好记录，写明动作原因。

4）如更换避雷器，动作累计次数应重新统计，记录器更换后也应做好记录，但避雷器累计动作次数不变。

（10）反事故演习记录簿。

1）反事故演习应由变电站负责人拟定反事故演习计划，并主持演习。

2）记录好事故现象（包括音响、表计、信号指示、继电保护动作和设备异常拉合位置）。

3）记录被演习人判断的结果和实际处理情况。

4）记录演习的日期、参加人员姓名、演习的题目及内容。

5）记录演习中发现的问题及今后拟采取的措施，并对演习做出评价。

(11) 安全活动记录簿。

1) 安全活动每周一次，安全员负责填写记录。

2) 记录安全活动的日期、参加人员的姓名、活动内容、发现的问题及所采取的措施。

3) 检查一周的安全情况，提出改进和注意事项。

(12) 事故、障碍及异常运行记录簿。

1) 记录事故、障碍、异常情况发生的时间、经过、天气情况、设备状况和继电保护、自动装置动作情况，以及频率、电压和温度情况。

2) 针对异常现象、障碍、事故发生的原因，制订出反事故措施。

3) 记录发生异常、障碍、事故的责任分析，以及责任人的姓名、职务。

4) 记录障碍、事故发生时，造成的设备损坏及损失情况。

(13) 运行分析记录簿。

1) 记录活动日期、参加人员姓名、分析的题目及内容、存在的问题和采取的措施，对分析出的问题应及时向单位主管领导汇报，以利于解决问题。

2) 主要分析设备的异常及不安全情况，采取的措施办法，分析运行系统变动和继电保护运行状态及存在问题，分析安全生产、执行规程制度情况和存在问题等。

(14) 安全（仪器、仪表）用具试验登记簿。

1) 记录安全（仪器、仪表）用具的名称、编号，允许使用的电压等级，试验周期，已进行试验、校验的日期，下次应试验、校验的日期，送试人的姓名，变电站负责人签名。

2) 安全用具、仪器、仪表等应有固定存放地点，摆放整齐无灰尘，时刻保持完好状态。

(15) 蓄电池测量记录簿。

（16）有载调压装置调压记录簿。

（17）接头测量记录簿。

当然，这些记录簿是变电站根据自己的设备需要而建立的。例如，变电站的变压器不是有载调压的，就没有必要建立'有载调压装置调压记录簿'，同样有的变电站没有蓄电池，直流是通过整流柜获得，这样也没有必要建立'蓄电池测量记录簿'。"

"刘师傅，您在这里提到的记录簿，大部分一目了然，一看名字就知道应记录的内容，但是'接头测量记录簿'主要记录什么内容？"

"在我们变电站里，电气设备之间、导线与导线之间以及导线与设备之间都有许多的连接点，而这些连接点是最容易出现故障的地方，主要是接触不良时，电流通过时容易产生热量，导致连接点温度升高，甚至烧损连接点。按规定在变电站就要定时对这些连接点进行温度测量，以衡量连接点的接触好坏。'接头测量记录簿'就是每次测量完连接点后，都要把测量的结果记录在这里，以观察到某个连接点的温度变化。

2. 指示图表

（1）模拟图板。

1）模拟图板上的一次接线必须和变电站的一次实际接线一致相符。

2）模拟图版上所画的电气设备旁边必须注明设备的技术参数、设备名称和设备编号。

3）模拟图版上标明的能开合的设备标志，必须也能与设备一样可以显示设备的开合位置（如配有红绿灯会更形象）。

4）模拟图板是为了操作票演练用的，因此应根据变电站值班室的大小或挂在墙上或利用架子摆在便于操作的地方。

（2）一次系统接线图。即变电站的一次接线图，应规矩地画在一张图纸上，压放在值班办公桌桌面上，便于值班员填写操作票以及事故处理时能一目了然地了解一次系统的接线。

（3）变电站工作月历表。变电站的工作是比较繁琐的工作，为了能按部就班地做好变电站的各项工作，将变电站一个月内每天应做的工作固定下来，制订一个月历工作表，使变电站繁琐而平常的工作变得有规律。

（4）设备巡视路线图。将变电站要巡视的设备设定一个最佳的巡视路线画在图纸上，以免巡视时遗漏设备的巡视。

（5）安全天数指示图。变电站的安全运行天数也是考核变电站的一项指标，每个变电站都应该有一个本站安全天数累计的指示板（图），挂在值班室墙上明显的部位，以提醒本站所有人员时刻关注安全。

（6）设备单元最小载流元件表。"

刘师傅刚刚说了这项的题目，小张就追问了一句："刘师傅，什么是变电站设备单元？"

刘师傅解释说："变电站的设备单元一般分为出线单元、变压器单元、母线单元、母联（分段）断路器单元、侧路单元、站用变压器单元、电容器单元、电抗器单元以及公共单元等。从这些单元的名称就可以看出变电站的设备单元是以其功能和作用划分的，例如出线单元，可以有多个相同的单元，也就是说每回出线（进线）都是一个单元，包括本出线回路的断路器及断路器两侧的隔离开关、电流互感器、穿墙套管、避雷器等设备。这个单元的设备技术参数是不一样的，我们必须掌握每个单元设备中额定电流最小的设备额定电流参数，也就是说这个单元的额定电流不能超过其中额定电流最小设备的额定电流。"

刘师傅看小张满意地笑了，接着继续说道："除此外还有：

（7）保护定值表。

（8）主变压器和消弧线圈分头指示表。

（9）设备检修、试验定级表。

（10）直流系统图。

（11）电压互感器二次接线图。

(12) 电力电缆分布图。

(13) 防雷保护图。

以上这些都比较直观，就不细说了，变电站的管理规范了，才不会出现各种管理上的漏洞，也就保证了变电站设备和人员的安全。"

"刘师傅，听您这么一讲，变电站要有这么多的图表和记录簿，那记录簿应该怎么记呀？"

"小张，别急，我就拿咱们厂变电站的实际举个实际例子看看。咱们厂变电站有两台主变压器，下面以 1 号变压器二次开关停电检修、处理缺陷为例，说明各种记录的填写情况。

(1) 应填写设备缺陷记录簿。因为该设备在停电检修之前，已经存在设备缺陷，该缺陷被发现之后，即应按设备缺陷管理制度和设备缺陷记录簿格式的要求，将缺陷记入记录簿内。

(2) 应填写设备检修、试验记录簿。

(3) 应填写断路器跳闸记录簿。1 号变压器二次开关大修之后，应重新累计事故跳闸次数。

(4) 该设备缺陷如按异常运行情况已经记入事故、障碍、异常运行记录簿，那么，这次开关检修完了之后，应将该设备异常运行情况已消除的有关情况，记入该记录簿内。

(5) 在操作记录簿内，应将此次开关检修停、送电及做安全措施的调度令执行情况记入该记录簿内。

(6) 在运行记录簿内，应将此次开关的检修、缺陷消除情况、倒闸操作、安全措施的布置、工作票的执行情况等记入运行记录簿内，向下值运行人员交代。

(7) 也可结合 1 号变压器二次开关设备缺陷的发生、发展、处理情况，进行一次全站的安全活动，开展一次运行分析；也可以将 1 号变压器二次开关的设备缺陷，假设在未检修前发展成事故，做一次事故预想；还可以组织全站人员对事故发生的可能性，进行一次反事故演习。这样这次开关检修，处理缺陷的工作，就将记入 6～10 种记录簿内。"

"两票三制"制度

刘师傅又接着说道:"各企事业单位的电工人员在进行电气的各种工作中都要严格执行'两票三制'制度。"

小张还是头一回听说"两票三制",好奇地问:"刘师傅,你这里讲的两票三制,都是指的什么内容?"

刘师傅觉得正好利用这个机会好好讲一下"两票三制"的内容,顿了顿嗓子详细讲了起来:"'两票'就是工作票、操作票,'三制'就是交接班制度、巡回检查制度、设备定期试验轮换制度。'两票三制'包含着企业对安全生产科学管理的使命感,也包含着员工对安全生产居安思危的责任感,它是企业安全生产最根本的保障。在一个成熟的企业中,安全应该是重中之重,因为安全本身就是效益的理念,就是企业管理的核心,所以安全就是效益。"

刘师傅停顿了一下继续说:"下面我就详细讲讲'两票三制'的内涵。'两票三制'是工矿企业电气安全生产保证体系中最基本的制度之一,它是我国电力行业多年工作实践中总结出来的经验,在对任何人为责任事故的分析中,均可以在其'两票三制'的执行问题上找到原因。"

(一)工作票

"前面已经比较详细地讲了工作票的内容,这里就不再多说了,只是补充一下工作票中出现哪些现象和行为,会使得工作票为不合格的工作票。

(1)有以下情况的工作票为填写不合格的工作票:

1)使用的工作票类型与工作内容不相符(应当使用第一种工作票的工作,使用的第二种工作票)。

2)工作内容填写不正确或有遗漏。

3)使用圆珠笔填写,字迹潦草、模糊不清,工作内容和安全措施在工作许可人签字后填写。

4）工作票字迹有错漏字改正时字迹不清晰，或使用符号不规范，一般涂改超过三处。

5）各类人员签名不符合要求，工作票签发人、工作负责人、工作许可人未经上级有关部门审批，未有签名或未签全名。

6）安全措施填写不正确、不完全、不具体。

7）由他人增添或变更工作内容，未经工作票签发人同意并签名。

8）工作票未按规定时间交与变电站值班员。

9）变更工作班成员、工作负责人以及扩大工作内容，未按规定办理手续。

（2）有以下情况的为办理的不合格工作票：

1）工作许可人填写的安全措施只写'同左'或安全措施与规定降低。

2）工作地点保留带电部位和补偿安全措施，未按现场实际情况作说明。

3）未办理工作许可手续或工作负责人、工作许可人签名不全。

4）工作结束未按规定检查设备状况。

5）工作负责人、工作许可人未签名，未填写工作结束时间。

6）工作票要求装设的接地线已拆除，但工作票未注明拆除地线的组数和编号；值班负责人未签名。

7）工作结束后，未盖'已执行'章。

8）每日收工，未按规定将工作票交回值班员。

9）一个工作负责人手中同时具有有效的两张以上（含两张）的工作票，或一名工作班成员在同一时间内允许在两张以上（含两张）工作票工作。

10）工作负责人变更，工作票签发人未在工作票内注明。

11）工作票未填写编号或未填写日期。

12）工作票在保管期内（一年）丢失的。

刚才讲的这些都是对工作票的要求。"

"刘师傅，对工作票要求这么严格呀?!"

"不光对工作票要求严格，对操作票的要求也一样严格。下面我也就重点讲讲操作票。"

(二) 操作票

"企事业单位在改变电气设备运行方式的过程中，有相当一部分电工在操作中对操作任务不明确，专业技术水平薄弱，对操作不熟练，常常导致误操作的发生。为把安全方针落到实处，提高预防事故能力，杜绝人为责任事故，杜绝恶性误操作事故，随之而产生了操作票制度。操作票就是将某一个操作项目中各个操作步骤按正确的顺序填写在预先打印好的一个固定格式里，在实际操作中再按这个预先填好的顺序来进行操作。操作票是根据操作命令完成指定操作任务的具体依据，使各种电气操作标准化。为达到这一目的，各企事业单位要重视电气操作的分工及技能培训，严格执行操作票制度。操作前对操作票进行仔细审核，操作内容必须明确、具体，操作中分清监护人与操作人的职责，由操作熟练的人员依据操作票按顺序进行操作，同时执行好监护制度。这样才能杜绝人为的责任事故发生。"

"刘师傅，把操作票的有关内容讲得详细一些，让我们多了解一些安全知识。"

"下面我就分几步把操作票的有关规定和要求详细说说。

1. 操作票的填写

(1) 接受操作任务后，当班值班员应核对变电站实际运行方式、一次系统模拟接线图，明确操作任务和操作目的，核对操作任务的安全性、必要性、可行性及正确性，确认无误后，即可开始填写操作票。填写操作票必须使用蓝色、黑色钢笔或碳素笔，不得使用圆珠笔和铅笔。操作票必须按规定编号。操作票票面字迹应清洁、整洁。签名栏内必须由值班员本人亲自签名，不得代签或漏签。

（2）操作票由操作人根据操作任务顺序逐项填写，必须使用统一操作术语。

（3）所有电气设备倒闸操作，必须使用电气操作票。严禁不使用电气操作票盲目操作。事故处理可不用操作票，但必须详细记入值班日志。

（4）每张操作票只能填写一个操作任务，如一张写不完，可接下一张继续填写，上页写'下接×页'，下页写'上接×页'字样。

（5）填写错误而作废的操作票及未执行的操作票应在每页的操作任务栏内盖'作废'或'未执行'章。

2. 操作票的执行

（1）操作前应进行模拟预演。经'四审'批准生效的操作票，在正式操作前，应在电气模拟图上按照操作的内容和顺序模拟预演，对操作票的正确性进行最后检查、把关。这里提到的'四审'，就是操作票填票人自审、操作监护人初审、值班长复审和变电站站长审核批准。

（2）进行每一项操作，都必须遵循'唱票→对号→复诵→核对→操作'这五个程序进行。具体地说，就是每进行一项操作，监护人按照操作票的内容、顺序先'唱票'（即下操作令）；然后操作人按照操作令查对设备名称、编号及自己所站的位置无误后，复诵操作令；监护人听到复诵的操作令后，再次核对设备编号无误，最后下达'对，执行！'的命令，操作人方可进行操作。

（3）操作票必须按顺序执行，不得跳项和漏项，也不准擅自更改操作票内容和操作顺序。每一项操作结束，由监护人打一个'√'，再进行下一项操作。严禁操作完一起打'√'或提前打'√'。

（4）操作过程中发生疑问或发现电气闭锁装置拒动，应立即停止操作，报告单元长（值长），查明原因后，再决定是否继续操作。

（5）完成全部操作项目后应全面复查被操作设备的状态、表计及信号等是否正常、有无漏项等。

（6）全部操作项目完成后，监护人在每页操作票的备注栏内盖'已执行'章，并记录操作终结时间。

（7）当操作时间跨越交接班时，操作结束后才能交接班。

3. 不合格的操作票

操作票应认真正确填写，字迹清晰，有以下情况的操作票为不合格操作票：

（1）操作票没有按事先编号顺序使用。

（2）操作票没有使用蓝色、黑色钢笔或碳素笔填写，而是使用圆珠笔填写。

（3）一张操作票超过一个操作任务。

（4）操作任务与实际情况不符（包括操作票漏项、应填入操作票内容的操作没填入操作票及操作顺序颠倒）。

（5）字迹潦草，操作票模糊不清或对个别错别漏字涂改或使用修正液修改，使用橡皮、刀片、指甲等擦、刮进行修改。

（6）操作步骤在4项内加盖'此项不执行'章或每张操作票'此项不执行'章超过3次。

（7）对遗漏操作项目在操作票上用记号补充的，或用调整记号对操作顺序做颠倒调整的。

（8）未按统一规定术语、名称填写或设备名称及编号不正确。

（9）装（拆）地线位置不确切或漏写地线编号或地线编号颠倒。

（10）操作时间漏填、错填或时间未按'年、月、日、时、分'填写。

（11）操作票上应填的各类人员未填写齐全（包括没有签名、签名不完全以及由他人代签）。

（12）操作票中'√'项不正确或漏打'√'。

（13）操作票最后一项的下一行未加盖'以下空白'章，或盖章字迹不清晰。

（14）已执行的操作票，未盖'已执行'章。

（15）操作中发生异常现象停止继续操作的操作票在备注栏内未做说明。

（16）操作票编号后有缺页的，或正常缺页未做说明的。

4．执行不合格的操作票

执行不合格的操作要有：

（1）操作票未带到现场就实际操作，或未按实际操作顺序打'√'。

（2）先进行操作、后补填写的操作票。

（3）违反有关规定，操作、监护不当出现考核事故、统计事故及威胁人身安全、设备正常运行的已经执行的操作票。"

（三）工作票和操作票中的术语

"刘师傅，在工作票和操作票的讲解中多次提到术语的问题，什么是术语？"

"术语是相对日常用语而言的，一般指某一行业的专有名称简介，大多数情况为该领域的专业人士所熟知。对我们电气行业来说，工作票和操作票中操作各种设备常使用的操作和位置术语见表4-1和表4-2。"

表 4-1　　　　　操 作 动 词 用 语

序号	操作设备	操作术语
1	断路器	断开、合上
2	隔离开关（包括接地开关）	拉开、合上
3	手车式断路器	拉至、推至
4	熔断器	取下、投上
5	TA端子	连通、短接
6	保护连接片	投上、切除

续表

序号	操作设备	操作术语
7	临时接地线	装设、拆除
8	标示牌	悬挂、取下
9	位置开关	切换
10	变压器调压抽头位置	调整

表 4 - 2   位 置 术 语

序号	设备	统一位置术语	备注
1	开关、隔离（接地）开关	分闸位置	开关、隔离（接地）开关在断开后状态
		合闸位置	开关、隔离（接地）开关在合上后状态
2	手车开关位置	工作位置	开关在运行或热备用状态
		试验位置	开关在冷备用状态
		检修位置	开关在检修状态
3	控制方式选择	遥控位置	调度远方操作位置
		远方位置	变电站控制室操作位置
		就地位置	就地开关柜操作位置
4	TV切换开关	"断"位置	TV 二次负荷由不同母线的 TV 各自自己供给
		"通"位置	TV 二次负荷由同一电压等级的另一母线 TV 代供给

"我们从上面讲的这些可以看出'两票'的重要性，任何由于违反了'两票'规定而发生的事故，都是人为的责任事故，所以我们每个电工都必须认真地按'两票'的要求去对待每一项工作。"

"刘师傅，讲了'两票'了，那'三制'呢?"小张问了一句。

"'三制'就是交接班制度、设备巡检制度和设备定期试验及轮换制度。"

（四）交接班制度

"各企事业单位电工人员上班形式不一样，有两班倒的，有三班倒的，还有四班三倒的，不论哪种上班形式，总有交接班的过程，交接班对于某些人来说是一天工作的开始，而对另外一些人来说却是一天工作的结束。无论是一天工作的开始，还是一天工作的结束，我国有句俗语：做任何事情要善始善终，所以我们每一个交接班的人都要认真执行交接班制度。接班人员应达到掌握设备运行状态后方可接班，这就要求接班人员认真查阅各种记录以及认真听取交班汇报，详细掌握上一班期间设备和系统发生的各类事件的原因、过程及防范措施。同时交接仪式及交接班时的双方签字，是使接班人员思想上立即投入到工作状态的有效过程，这并非是走形式。交班会上交班人员一定要对本班期间的设备状态、系统运行方式及本班期间发生的各类事件的原因、过程及现状，进行详细总结、分析及汇报，这将有利于提高运行的工作质量以及杜绝事故的发生。"

"刘师傅，交接班时具体有哪些要求？"

"各企业、单位对变电站（所）电工交接班的规定大同小异，规定中主要有下面几点：

（1）变电站电气值班人员上、下班必须履行交接手续。接班人员必须按规定时间到班，未经履行手续前交班人员不准离岗。

（2）禁止在事故处理或倒闸操作中交接班。交接班时如发生事故，未办理手续前仍由交班人员负责处理，接班人员在交班值班长领导下协助处理，一般在交班前 30min 停止正常操作。

（3）交接班内容包括：①本站运行方式；②保护和自动装置运行及变化情况；③异常运行和设备缺陷、事故处理情况；④倒闸操作及未完成的操作指令；⑤设备检修、试验情况，安全措施的布置，地线组数、编号及位置和使用中的工作情况；⑥仪器、工具、材料、备件和消防器材完备情况；⑦领导指示与运行有关的其他事项。

（4）交接班必须严肃认真做到交得细致，接得明白。

（5）交班时由交班值班长及全体值班员做全面交代，接班人员要进行重点核查核实。

（6）交接检查后，双方值班长应在运行记录簿上签字，并与系统调度进行电话通话，互通姓名，核对时钟。"

（五）设备巡回检查制度

"巡视检查制度就是值班人员对运行和备用（包括附属）设备及周围环境，按照运行规程的规定，定时、定点按巡视路线进行巡回检查。

遇有下列情况由值班长决定增加巡视次数：

（1）过负荷或负荷有显著增加时。

（2）新装、长期停运或检修后的设备投入运行时。

（3）设备缺陷有发展，运行中有可疑现象时。

（4）遇有大风、雷雨、浓雾、冰冻、大雪等天气变化时。

（5）根据领导的指示增加的巡视等。

巡视后向值班长汇报，并将发现的缺陷记入设备缺陷记录簿，重大设备缺陷应立即向领导汇报。"

1. 巡视种类

"刘师傅，您这里提到按规定的时间进行巡视，那都规定什么时间要巡视呀？"

"设备的巡视有好几类，包括交接班巡视、定期巡视、故障巡视、特殊巡视、夜间巡视等，下面我来分别介绍。

（1）交接班巡视。是在交接班时，对上一班变动、操作、工作过的一、二次设备和自动化设备等新发现的设备缺陷及带严重缺陷运行的设备的现场进行核对性巡视检查。

（2）定期巡视。对设备进行定期巡视可随时掌握各电气设备运行状况及系统情况，及时发现设备缺陷和威胁系统安全运行的情况。定期巡视大型变电站一般每小时一次，而小型变电站也可根据具体情况适当调整，巡视区段为所有的电气设备，并规定固定的巡视线路。定期巡视可由一个人进行，但巡视中不得跨越或移动固定遮栏，更不得攀登带电设备，并应与带电设备保持足够的安全距离。

（3）故障巡视。故障巡视应在电气设备或系统发生故障后及时进行。故障巡视的目的是及时查找设备或系统的故障点，查明故障原因及故障给设备及系统造成的损失情况，以便及时消除故障，修复或更换损伤的设备，并尽快恢复供电。故障巡视范围为发生故障的设备或系统区域。

（4）特殊巡视。设备或系统过负荷时，有重要缺陷设备或新安装投运和大修后投运的设备，恶劣气候情况时（如大风、大雾、雷雨、冰雪、高温等），事故跳闸后，以及其他特殊情况时，应进行特殊巡视，及时发现设备或系统的异常现象及完好情况。特殊巡视根据需要进行，一般因气候原因的特殊巡视主要巡视室外设备，其他的可巡视全部设备或某个区域设备。

（5）夜间巡视。夜间巡视应在没有月亮的夜晚进行，室内应熄灯进行巡视。夜间巡视重点巡视设备及导线连接点、绝缘子，能有效发现白天巡视中不能发现的缺陷，如电晕现象；绝缘子污秽严重而发生表面闪络前的局部火花放电现象；因导线连接点接触不良，在供电负荷电流较大时使导线温度升高导致导线接点烧红现象等。夜间巡视每周进行一次，巡视时根据运行季节特点、设备及系统的健康情况和环境特点确定重点。巡视内容根据运行情况及时进行，一般巡视所有设备或某个区域设备。"

"刘师傅，您讲了这么多的巡视，那我们在实际的工作中如果自己去巡视设备？要注意什么？"

2. 巡视检查应遵守的规定

"巡视检查时，应遵守以下规定：

（1）有权进行单独巡视高压设备的人员应经考试合格后，由单位领导批准；巡视高压设备时，不论设备停电与否，值班人员不得单独移开或越过遮栏进行工作。若有必要移开遮栏时，必须有监护人在场，并且与电气设备的距离符合安全距离的规定。

（2）巡视高压设备时，人体与带电导体的安全距离不得小于规定，例如，10kV 的设备为 0.7m。巡视中发现高压带电设备发生接地时，室内值班员不得接近故障点 4m 以内，室外不得接近故障点 8m 以内。进入上述范围人员必须穿绝缘靴，接触设备的外壳和架构时应戴绝缘手套。

（3）巡视时必须戴安全帽，必要时带护目镜按设备巡视路线进行巡视，防止漏巡。雷雨天气，需要巡视室外高压设备时，应穿绝缘靴，并不得靠近避雷针，以防雷击泄放的雷电流产生危险的跨步电压对人体的伤害，防止避雷针上产生的高电压对人的反击，防止有缺陷的避雷器雷击时爆炸对人体的伤害。

（4）进出高压室内巡视时，应随手将门关好，以防小动物进入室内。

（5）每次巡视后，应将查得的缺陷立即记录在设备缺陷记录簿中，并按要求上报。

（6）单人巡视时，必须遵守《电业安全工作规程》中的有关规定。

（7）巡视检查时，应按巡视路线图进行。"

"那巡视中主要巡视检查哪些内容?"小张又提出了自己的想法。

3. 巡视检查内容

"不同的设备，其巡视检查的项目也不同，下面我们分别介绍。

（1）变压器的巡视检查项目。

1）首先检查油温和温度计指示是否正常，储油柜的油位与温度是否对应，各部位是否有渗油、漏油现象。

2）三相油温、绕组温度指示正常，三相电流平衡，与负荷、环境温度、冷却装置投入情况相对应。储油柜的油位应与温度相对应。

3）变压器无异常振动声、爆裂声及放电声。

4）变压器各瓷套管无破损裂纹、无悬挂物，表面清洁，无放电痕迹。

5）各连接阀门开启正确，各呼吸器呼吸正常，干燥剂无饱和。

6）冷却器油流指示、灯光指示正常，电动机运转正常，风扇和油的流向正确。

7）变压器中性点接地牢固。

8）压力释放器无渗漏油现象和动作过的迹象，呼吸器小油杯的油位合适。

9）变压器气体检测仪正常，数据未超标。

10）变压器控制箱、动力箱干燥清洁，加热器正常投入。

11）变压器消防设施齐全完好，事故油池无过多积水。"

"刘师傅，咱们厂二车间用的是干式变压器，那对于干式变压器在巡视中要注意什么？"

"小张想得比较周到。"刘师傅夸了小张一句，接着讲，"对于干式变压器，总的巡视内容和油浸变压器差不多，只是比油浸变压器少了油的内容，即：

1）变压器温度计应正常，各部位无脏污。

2）套管外部无破损裂纹、无放电痕迹及其他异常现象。

3）变压器音响正常。

4）冷却器风扇运转正常，风机手动、自动工作正常。

5）引线接头、电缆、母线应无发热迹象。

6）分接开关的分接位置正常。

7）各控制箱和二次端子箱已关严，无受潮。

8）变压器室的门、窗、照明完好，房屋不漏水，温度正常。

9）各单位根据现场实际及变压器的结构特点补充检查的其他项目。

对于变压器的巡视就讲这么些。下面再说说其他的设备。

（2）断路器巡视检查项目。

1）根据环境温度，检查 SF$_6$ 气压表指示应在压力温度变化额定密度线正常压力范围内。

2）检查液压表压力应在正常范围内，油泵运转时无异常声及撞击声。

3）液压机构无渗漏油。

4）如果油泵在较短的时间间隔后启动，应注意此间隔时间。当间隔时间小于 1h，且频繁启动，可能存在着外部泄漏或不正常的内部泄漏，及时汇报处理。

5）开关机械指示、监控系统后台指示、运行状态三者应一致。

6）开关上的所有绝缘子应清洁完整，无损伤，无裂纹，无放电痕迹，无悬挂杂物。

7）开关端子箱、汇控柜内部保持清洁干燥，加热器正常投入。

8）导线无断裂，夹头无发热现象，必要时利用红外线测温判别。

9）对于弹簧机构，还应检查弹簧是否完好，压力是否正常。

10）接地部分应接触良好。

这些都是针对大型变电站而言，企事业单位个别的变电站比较小，断路器的型号也单一，主要是真空断路器或空气开关，可根据实际情况确定巡视内容。

（3）隔离开关的巡视检查项目。

1）检查绝缘子是否清洁、是否有裂纹，有无放电现象和痕迹、有无悬挂杂物等。

2）检查触头接触是否良好，在高温、雨天、雪天、冰冻天气和夜晚观察触头有无发热发红现象。

3）检查导线各接头处有无发热现象，必要时利用红外线测量仪测温。

4）检查隔离开关固定是否牢固平正。

5) 检查整个闸刀装置是否完整无损，基础是否牢固，刀臂有无变形、偏移。

6) 检查操动机构端子箱、辅助触点外罩等密封是否良好，辅助触点位置是否正确。

7) 室外的隔离开关检查机械上锁装置和电磁锁是否完好，所有的机械锁应选择适合室外用的锁，每季定时检查加油一次，防止锈死而打不开、锁不上。

(4) 电压互感器、电流互感器的巡视检查项目。

1) 绝缘表面清洁，无裂纹、无渗漏油、无放电痕迹。

2) 导线连接部位无过热发红现象，无悬挂物。

3) 互感器本体无异常声音。

4) 电压互感器指示的三相电压一致、正常。

5) 对于油浸式电压、电流互感器，检查油位、油色应正常。

(5) 电容器的巡视检查项目（10kV）。

1) 检查电容器是否有膨胀、喷油、渗漏油现象。

2) 检查瓷质部分是否清洁，有无放电痕迹。

3) 检查接地线是否牢固。

4) 检查电容器环境温度是否符合制造厂家的规定。

5) 电容器外熔丝有无断落。

(6) 电力电缆的巡视检查项目。

1) 电缆沟盖板完整无缺，电缆沟内无积水或杂物。

2) 电缆支架应牢固，无锈蚀。

3) 电缆铠装层应完整无缺，无锈蚀。

4) 电缆伸出地面的防护措施应完好可靠，引入室内的电缆沟、洞口应封堵严密。

5) 电缆的各种标志应无丢失、脱落。

(7) 电缆头的巡视检查项目。

1) 电缆头的芯线绝缘包头应完整、清洁，无闪络放电现象。

2) 引线接触应良好，无发热现象。

3）充油电缆头无渗漏油现象，铅包及铅封无裂纹，绝缘胶无塌陷、软化现象。

4）芯线或引线的相间及对地距离符合规定要求。

5）相序颜色清晰，电缆外皮接地良好。

（8）室内低压线路的巡视检查项目。

1）导线与建筑物及其他物体是否有摩擦、刮碰现象，导线的绝缘子和支撑物有无损坏和缺损。

2）企业车间内的裸导线各相的导线线间距离是否保持一致。

3）企业车间内的裸导线防护网与导线间距离有无变化。

4）明敷导线的线槽有无碰裂、损伤现象。

5）导线穿管敷设时的铁管接地是否良好。

6）铁管或塑料管的出线口防水弯头有无脱落缺损，导线与管口有无刮碰现象。

7）敷设在车间地下的塑料管线路上方禁止堆放重物。

8）三相四线制照明线路，其零线各连接点接触是否良好，有无腐蚀和脱开现象。

9）是否有未经电气负责人同意，私自在线路上接有用电设备或乱拉乱扯的其他线路。

（9）车间配电箱和刀开关箱的检查项目。

1）导电部分的各连接点是否有过热现象。

2）检查各种仪表和指示灯是否完整，指示是否正确。

3）闸刀箱和箱门是否完整，有无破损。

4）室外总开关箱是否有漏雨进水现象。

5）导线与电器连接处连接是否良好。

6）开关箱内的熔体、熔丝容量是否与负荷电流相匹配。禁止使用任何金属线代替熔丝，熔体的电流容量要求：一般照明回路的熔体容量不超过负荷电流容量的 1.5 倍，一般动力回路的熔体容量不超过负荷电流容量的 2.5 倍。

7）各回路所带负荷的标志是否清晰，是否与实际符合。

8）铁制开关箱的外皮是否可靠接地。

9）车间配电箱和开关总闸箱里的总闸、分闸所控制的负荷标志是否清晰、准确。

10）车间的配电箱、闸刀箱里是否存放其他无关东西。

11）车间内安装的所有插座有无烧伤，接地线接触是否良好。"

刘师傅一口气讲了这么多的巡视项目，小张觉得一时很难消化，刘师傅又接着对小张说："其实工作中有着一个责任感，认真按规程办，熟悉了就好了，就怕不认真。"

"我给你们讲个实际的例子吧，有个供电单位，这天一早变电站进行交接班，两个交接班的电工师傅比较年轻，一起到户外的场地巡视交接，他们走了一圈回来报告一切正常。其实就在他俩巡视的过程中，车间的领导也跟在他们后面转，领导回来一听他们汇报一切正常，就有点来气了，直接问他俩，某某备用隔离开关的磁柱断裂，隔离开关已经掉在地上，只有引线连着，这个问题你们看到没有?! 当时两个年轻人就挨了批。

设备有缺陷、有问题这是正常的，怕的是当事人应该发现而没有发现，应该采取措施，而忽略了措施，进一步发展为电气事故，这就是人为的责任事故。"

刘师傅最后强调说："各单位一定要重视设备的巡视工作，通过不断培训，努力提高巡视人员监盘、巡检质量，加强培养巡视人员及时发现问题的能力。巡视人员对设备参数变化要有分析对比，对设备运行状态要心中有数，否则就会失去抄表、监视画面、巡检设备的意义。"

（六）设备定期试验及轮换制度

"最后我再讲讲设备定期试验及轮换制度。

定期试验及轮换制度同样是'两票三制'中不应忽视的一项工作。定期试验就是变电站根据规程规定及实际情况，制定设备的预防性试验、继电保护及安全自动装置定期检验周期、项目、质量标准，通过专用的试验仪器对电气设备进行绝缘试验，以检测电气设备的状态。设备轮换制度就是单位为保证设备的完好性和备用设备完好地处在备用状态，应定期对设备及备用设备、事故照明、消防设施进行试验和切换使用，使所有的电气设备能够轮换运行、轮换备用。无备用设备就意味着缺少一种运行方式，安全运行就失去了一道保障，所以对备用的设备应视同运行设备，应积极联系处理缺陷，使之处于良好的备用状态，否则一旦运行设备发生故障，在无备用或少备用设备的情况下，运行人员处理事故时调节余地小，往往会导致事故扩大。

以上这些就是'两票三制'的内容，更详细的东西你们会在今后的工作中慢慢体会。

企事业单位在电气管理上要有专门负责电气工作的部门或人员，加强对电气设施及人员的管理，对主要电气设备要建立技术档案资料，对所有的电气设施要定期维护保养，按规定的周期进行电气设备的绝缘预防性试验，不符合运行要求或绝缘预防性试验不合格的设备不准投入运行。

任何单位都禁止使用国家明令淘汰的电气设备，也不使用无厂家、无生产许可证、无产品质量检验合格证的电气设备，同时也要及时更换原有的过时的、老化的、不适合安全生产的设备。"

"刘师傅，您讲的这些，都是单位领导的事，与我们电工有关系吗？"

"当然有关系了，前不久有个私营企业的电工告诉我，他们企业的变压器按规定额定的电流是800A，但是实际上是长期运行达到1500A了，并问我这样可以运行吗，有什么危害。我一听，顿时吓了一跳，也很奇怪，已经超过负荷近一倍了，这样的变压器怎么还能长时间运行呢！？仔细一打听，才知道是这样的，他们企业的生产发展了，原有变压器的容量不够了，企业的老板为了节省资金，不愿意更换大容量的变压器，就用水泥修个池子，把原有的变压器放置在池子里，用水泵往变压器外壳上不停地喷水强制给变压器降温。我当时就告诉电工，你们企业的变压器这样运行是十分危险的，过负荷近一倍，变压器很容易烧损，更危险的是变压器泡在水池里运行，一旦变压器里进水，绝缘降低，变压器就会发生内部闪络甚至爆炸，你们电工如果正赶上在变压器附近，都有危及生命的可能性。上级有关部门追查起来，你们电工还是违规操作，直接责任者要负法律责任，而老板也就是负领导责任。"

第二节　企业安全用电技术要点

"前面讲了许多企事业单位安全用电管理方面的问题，下面再给你们讲讲企事业单位安全用电技术上一些知识。"刘师傅说，"这方面的内容也比较分散，咱们就想到哪讲到哪。"

 设备接地

"首先讲讲接地的问题，接地分保护接地和工作接地两种。

1. 保护接地

保护接地是指电气设备的金属外壳、混凝土电杆等，由于绝缘损坏有可能带电，为了防止这种情况危及人身安全而设的接地。

防静电接地也属于保护接地的范畴，主要是防止静电危险影响而将易燃油、天然气贮藏罐和管道、电子设备等的接地。

防雷接地也同样属于保护接地的范畴，即为了将雷电引入地下，将防雷设备（避雷针、避雷器等）的接地端与大地相连，以消除雷电过电压对电气设备、人身财产的危害的接地，也称过电压保护接地。"

2. 工作接地

"变压器低压中性点的接地，称为工作接地。其作用是：

（1）降低人体的接触电压。在中性点对地绝缘的系统中，当一相接地，而人体又触及另一相时，人体将受到线电压，但对中性点接地系统，人体受到的为相电压。

（2）迅速切断故障设备。在中性点绝缘的系统中，单相接地时，接地电流仅为电容电流和泄漏电流，数值很小，不足以使保护装置动作以切断故障设备。在中性点接地系统中，发生碰地时将引起单相接地短路，能使保护装置迅速动作以切断故障。

（3）减轻高压窜入低压的危险。

所有的变压器、电动机以及高压电容器外壳，配电盘（箱、柜）的金属框架，电气设备的金属构架、底座，电缆金属外皮要有良好的接地，另外为防止静电的产生而引发的电气安全事故的装有燃油、易燃气体的罐体、管道等容器外壳，避雷针、避雷线、避雷器的二次也要有良好的接地，并且接地电阻应符合规定的要求。"

3. 保护接零和工作接地

"刘师傅，您这里讲了保护接地的问题，那我听说过保护接零和工作接地，它们之间有什么关系吗？"

"小张，你这个问题提得好，有相当一部分企业电工分不清保护接地和保护接零之间的关系，在这里我详细说一下。

为了防止电气设备因绝缘损坏而导致其外壳带电使人遭受触电的危险，将与电气设备内部带电部分相绝缘的金属外壳、基座或构架同接地体之间做良好的电气连接，称为保护接地。

保护接地主要用以保证当电气设备因绝缘损坏而漏电时产生的对地电压不超出安全范围。人体触及电气设备外壳时，人体相当于与接地装置并联的另一条支路，但是由于人体电阻（大约在1700Ω）比起接地装置回路的接地电阻（通常为 4～10Ω）要大得多，根据电流分流原理可知，通过人体的电流就很小了，从而降低了触电的危险性。但需注意，这时如果人体触及漏电设备外壳短路，通过接地极将有电流在接地点向四周流散，于是在它附近就造成了不同的电位分布，靠近接地极的地方由于电流密度大，因而电位梯度也大，当人在接地装置附近跨步行走时，两脚处在不同电位下，即会有承受跨步电压的危险。为保证人身安全，跨步电压越小越好，为此接地极常采用金属网状结构，增大接地面积，减小电流密度，从而使接地极附近电位梯度也相应减小，跨步电压也相应减小。

实践证明，采用保护接地是当前我国低压电力网中的一种行之有效的安全保护措施。由于保护接地又分为接地保护和接零保护，两种不同的保护方式使用的客观环境又不同，因此如果选择使用不当，不仅会失去接地保护的保护性能，还会影响电网的供电可靠性。那么作为公用配电网络中的各企事业单位，如何才能正确合理地选择和使用保护接地呢？

首先是我们要认识和了解接地保护与接零保护，掌握这两种保护方式的不同点和使用范围。

接地保护与接零保护统称保护接地，是为了防止人身触电事故、保证电气设备正常运行所采取的一项重要技术措施。这两种保护的不同点主要表现在三个方面：

（1）保护原理不同。接地保护的基本原理是限制漏电设备外壳对地的电位差，使其不超过某一安全范围，这个电位差一旦超过某一安全范围，接地电流也必然增大，漏电保护器就能自动切断电源；接零保护的原理是借助接零线路，使设备在绝缘损坏后设备外壳与系统零线形成单相金属性短路，这时短路电流促使线路上的保护装置迅速动作。

（2）适用范围不同。根据负荷分布、负荷密度和负荷性质等相关因素，我国将上述两种保护范围在电力网的运行系统中进行了划分：TT系统通常适用于农村公用低压电力网，该系统属于保护接地中的接地保护方式；TN系统（TN系统又可分为TN-C、TN-C-S、TN-S三种）主要适用于城镇公用低压电力网和厂矿企业等的专用低压电力网，该系统属于保护接地中的接零保护方式。当前我国现行的低压公用配电网络，通常采用的是 TT 或 TN - C - S 系统，实行单相、三相混合供电方式，即三相四线制 380/220V 配电，同时向照明负载和动力负载供电。

（3）线路结构不同。接地保护系统只有相线而没有中性线，三相动力负荷可以不需要中性线，只要确保设备良好接地就行了，系统中的中性线除电源中性点接地外，不得再有接地连接；接零保护系统要求无论什么情况，都必须确保保护中性线的存在，必要时还可以将保护中性线与接零保护线分开架设，同时系统中的保护中性线必须具有多处重复接地。

企事业单位要根据自己所在的供电系统，正确选择接地保护和接零保护方式。那么究竟应该采取何种保护方式，首先必须取决于其所在的供电系统采取的是何种配电系统。如果所在的公用配电网络是 TT 系统，应该统一采取接地保护；如果所在的公用配电网络是 TN - C 系统，则应统一采取接零保护。

TT 系统和 TN - C 系统是两个具有各自独立特性的系统，虽然两个系统都可以为客户提供 220/380V 的单、三相混合电源，但它们之间不仅不能相互替代，同时在保护措施上的要求又截然不同。这是因为，同一配电系统里，如果两种保护方式同时存在，采取接地保护的设备一旦发生相线碰壳故障，零线的对地电压将会升高到相电压的一半或更高，这时接零保护（因设备的金属外壳与零线直接连接）的所有设备上便会带上同样高的电位，使设备外壳等金属部分呈现较高的对地电压，从而危及使用人员的安全，因此，同一配电系统只能采用同一种保护方式，两种保护方式不得混用。其次是我们必须懂得什么叫保护接地，正确区分接地与接零保护的不同点。保护接地是指家用电器、电力设备等由于绝缘的损坏可能使得其金属外壳带电，为了防止这种电压危及人身安全而设置的接地称为保护接地。将金属外壳用保护接地线（PEE）与接地极直接连接的叫接地保护；当将金属外壳用保护线（PE）与保护中性线（PEN）相连接的则称之为接零保护。三是要依据两种保护方式的不同设置要求、规范设计、施工工艺标准规范客户受电端建筑物内的配电线路设计、施工工艺标准和要求，通过对新建或改造的客户建筑物的室内配电部分，实施以局部三相五线制或单相三线制取代 TT 系统或 TN－C 系统中的三相四线制或单相二线制配电模式，可以有效实现用电端的保护接地。所谓局部三相五线制或单相三线制，就是在低压线路接入用户后，用户要改变原来的传统配线模式，在原来的三相四线制和单相二线制配线的基础上，分别各增加一条保护线接入到客户每一个需要实施接地保护电器插座的接地线端子上。为了便于维护和管理，这条保护线的室内引出和室外引入端的交汇处应装设在电源引入的配电盘上，然后再根据客户所在的配电系统，分别设置保护线的接入方法。"

4. 对接地电阻的要求

"刘师傅，接地保护和接零保护以及它们需要接地的范围我们已经比较清晰了，但是您说这些都要接地的接地电阻要符合规定，这个具体的规定都是什么？"

"好的，我这就要讲这个问题啦，标准接地电阻规范要求如下：

（1）独立的防雷保护接地电阻应小于等于 10Ω。

（2）独立的安全保护接地电阻应小于等于 4Ω。

（3）独立的交流工作接地电阻应小于等于 4Ω。

（4）独立的直流工作接地电阻应小于等于 4Ω。

（5）防静电接地电阻一般要求小于等于 100Ω。

（6）共用接地体（联合接地）应不大于接地电阻 1Ω。

避雷针的地线属于防雷保护接地，如果避雷针接地电阻和防静电接地电阻都是按要求设置的，那么就可以将防静电设备的地线与避雷针地线接在一起，因为避雷针的接地电阻为静电接地电阻的 1/10，因此发生雷电事故时，大部分雷电将从避雷针地泄放，经过防静电地的电流则可以忽略不计。"

 规范变电站操作程序

"我再讲讲变电站的倒闸操作。"刘师傅接着说下去。

"刘师傅，那什么是变电站的倒闸操作呢?"

"变电站的倒闸操作就是通过分合断路器、隔离开关、负荷开关等各种开关类设备以及拆除、装设接地线，达到改变变电站运行方式目的的操作。由于变电站同等级电压的同类设备基本是一个型号，操作人员稍有忽视往往在倒闸操作中便会发生误操作现象，造成电气设备的事故，所以我们必须规范倒闸操作的行为。"

"我们怎么规范倒闸操作?"小张追问道。

"倒闸操作必须严格遵守这么几项基本要求:

(1) 倒闸操作前必须事先填写好操作票。

(2) 倒闸操作应当两人同时进行，一人操作，一人监护。复杂的操作，应当有值班长或所长（站长）进行监护。

(3) 高电压的倒闸操作应戴绝缘手套，室外操作应穿绝缘鞋、戴绝缘手套。

(4) 装卸熔断器时应戴护目镜和绝缘手套，必要时使用绝缘夹钳并要站在绝缘垫（台）上进行操作。

(5) 特殊天气（雷、雨、雪、雾等）不得进行室外的倒闸操作。

我们先看第一条——倒闸操作必须事先填写好操作票。当值班人员接到有倒闸操作的任务后，由操作人根据操作任务，查对本变电站（所）电气模拟板和实际运行方式，按照具体的操作内容和操作顺序来填写操作票，并应考虑到在操作后新的运行方式时的继电保护方式和其整定值是否相互配合。操作人填写好操作票后，要认真检查填写的操作票是否正确并写上自己的名字，然后交给监护人和值班长审核，审核合格的操作票审核人也要填写上自己的名字，作为签字批准的依据。

我们再看倒闸操作，在实际的倒闸操作前，操作人和监护人必须依据批准的操作票在模拟板前按照操作票中所填写的操作顺序预演。"

"刘师傅，操作票不是审核合格了吗？为什么还要预演呢？"

"操作票的预演有两个目的：一个是通过操作人和监护人在模拟板上的预演再次核对操作票的正确性；另一个目的就是通过在模拟板的预演，将模拟板的系统原有运行方式转为新的运行方式。

预演也合格后，就要现场的实际操作了，现场的实际操作要求操作人和监护人必须按照第三条的规定带好操作中所需要的安全用具和操作用具，例如操作杆、绝缘夹钳及有关设备的闭锁钥匙等，一旦忘了带某个工具，操作一半再回来取，就增加了误操作的概率，这是一定要避免的。

按照第二条规定，在每一项的操作前，操作人和监护人要站在被操作的设备前认真核对被操作设备的名称和编号是否与操作票中填写内容的一致，核对无误后监护人要大声说出本项操作名称，例如'合上××线路2342母线倒闸'也就是我们所说的'唱票'，操作人也要复诵一遍，监护人确认正确后下达操作命令，并在操作票的该项目上做记号'√'。

每一项操作完毕后，都要核对一下被操作设备的运行现状是否达到操作要求。操作票中所有项目操作完毕后，要在操作票上盖'已执行'字样的章，并向有关调度汇报。"

第五章

公共场所电气安全

"今天，我们讲公共场所的电气安全问题。"这天，刘师傅进门后说道。

"刘师傅，公共场所还有电气安全的问题吗？不就是人们社会交往吗。"

"公共场所的电气安全问题在我们日常生活中有时候还非常主要，我家的一个邻居喜好垂钓，前些日子他到农村去钓鱼，在垂钓中看见鱼咬钩了，他使劲往上一甩鱼竿，没想到把鱼竿甩到上方的高压线上了，只听'轰'的一声，一个大火球窜出来，结果他受到感电烧伤。"

"刘师傅，鱼竿不都是绝缘的吗！"

"鱼竿大部分是碳素纤维竿，碳素纤维竿是目前国内外较先进较优秀的钓竿之一，它的优点很多，如韧性、弹性、强度等综合性指标均是其他材料钓竿无法比拟的，并且竿体挺直，调性多样，自重轻盈而强度可靠，外表美观，极上档次。但它的缺点也比较明显，如导电性强，在高压电线下或雷雨天气垂钓时危险性极大，因此而遭遇不测的钓鱼人也越来越多，所以不论使用什么样的渔竿垂钓时，就必须要注意垂钓附近有没有电气设备或线路，一定要远离电气线路。

还有，某条220kV线路发生了一次倒塔事故，如图5-1所示，造成县城大面积停电，损失很大，在勘察完事故现场之后，原因真的是让人哭笑不得，原来是3个八九岁的小孩把220kV

铁塔的塔腿卸走了几根角铁，当废铁卖了几块钱买冰棍吃了，结果造成一基铁塔报废不说，还造成大面积停电，各种损失近百万。

图 5-1 倒塔

还有一次，也是 220kV 线路发生跳闸事故，工人们出去进行事故巡线，原来是有人在线路附近放风筝，风筝被风刮到线路上，造成三相短路跳闸。还有个例子，也是小孩玩风筝，风筝落到配电变压器上，小孩就爬上去拿风筝，结果碰到有电的部位，将小孩手臂烧伤，最终造成截肢。

像这样的事故在全国各地很多，首先各个家长要教育孩子爱护电力设施，其次家长也要告诫孩子在玩的时候一定要远离电力设施。其实像这样忽视电力设施而造成的事故远远不止发生在孩子的身上，对于成年人来说与其说是无知，不如说有些就是麻痹大意甚至是修养的问题了。某市一个小区在一个雨夜突然停电了，整个地区一片漆黑，居民向电力部门报修，电力部门经过几个小时的抢修，半夜才恢复了供电。原来是一位住在高层的住户从十几层高的楼上往楼下扔垃圾袋，结果扔在了配电变压器上，加之当时正在下雨，导致变压器出线套管短路，使得一大片地区停电。像这样的电力事故是不应该出现的。

前些年的一个夏天，一个单位进行土建施工，由于事先没有了解地下情况，一台挖掘机在挖沟时，突然发出一声放炮声，地下窜出一个火球，原来挖掘机将地下 10kV 电缆挖断，如图 5-2 所示，造成电缆短路。像这样的施工作业，施工单位应该事先到有关部门了解所需施工的地下有无电缆或其他管路，并采取相应的安全措施后，才能进行施工。

图 5-2　电缆挖断

特别是在农村，忽视电力设施的行为更是屡见不鲜，路边的电线杆、拉线等电力设施都成了拴牲口的最佳选择，还有的在进户的导线上晾晒衣物，这些都是造成感电事故的隐患。

有个供电部门的巡线员在市郊区巡线时发现一位农户在 10kV 导线下方盖房，如图 5-3 所示，当即提出制止。当时房

图 5-3　导线下方盖房

主答应得很好，结果等巡线员走后房主连夜加紧施工。半夜也挑灯给房子上大梁，由于天黑视线不好，一个正在上大梁的干活人一直身碰到10kV导线（当时10kV导线还是裸导线）当即感电身亡。"

"刘师傅，社会中像这样的例子一定很多，我们应该怎么办呢？"

"我们身为一名电工，首先是以身作则，本身要爱护电力设施，同时更要宣传爱护电力设施的意义。国家也颁布了爱护电力设施的条例，其中明确规定了任何单位或个人不得从事下述危害电力线路设施的行为：

（1）向电力线路设施射击。

（2）向导线抛掷物体。这样就很容易将线路的绝缘子或导线损坏，使得导线对地短路，造成停电事故。

（3）在架空电力线路导线两侧各300m的区域内放风筝。电力线路最怕的就是有人在它的附近放风筝，当不定向的风将风筝刮

到线路上时，将直接导致线路的短路事故，还有可能伤及放风筝的人。

（4）擅自在导线上接用电气设备。擅自在导线上直接接电气设备，首先是一种盗窃行为，因为电能也是一种商品，它属于国家所有，任何人不经供电部门许可，擅自使用电能，就是盗窃国家的资源，当然属于违法行为了。其次，在导线上接用电器设备也是一种不安全的行为。

（5）擅自攀登杆塔或在杆塔上架设电力线、通信线、广播线，安装广播喇叭。

（6）利用杆塔、拉线作起重牵引地锚。

（7）在杆塔、拉线上拴牲畜、悬挂物体、攀附农作物。

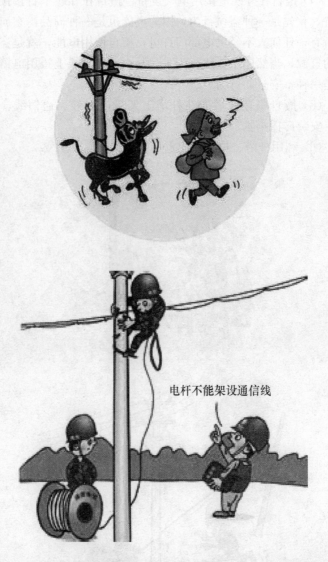

电杆不能架设通信线

（8）在杆塔、拉线基础的规定范围内取土、打桩、钻探、开挖或倾倒酸、碱、盐及其他有害化学物品。

（9）在杆塔内（不含杆塔与杆塔之间）或杆塔与拉线之间修筑道路。

（10）拆卸杆塔或导线上的器材，移动、损坏永久性标志或标志牌。"

严禁攀登杆塔、拆卸铁塔、导线上的器材，移动、损坏永久性标志或标志牌

第六章

电气火灾及预防

第一节　电气火灾发生的原因

"刘师傅，今天学习防止电气火灾的内容，希望能详细说说，前些日子，我们那栋楼有一家失火了，就是因为电熨斗引起的。"

"好的，我们要了解电气火灾，就要先了解电气火灾的特点。"

电气火灾的特点

"刘师傅，电气火灾还有特点呀？"小张惊讶地问。

"什么事情都是有特点的，电气火灾也不例外。电气火灾有下面几个特点：

1. 季节性

电气火灾很容易发生在夏、冬两个季节。这是因为夏季风雨比较多，特别是当暴风雨袭来时，露天的架空线路在暴风雨的作用下发生断线、短路、倒杆等事故，引发火灾，这在媒体中已经有过多次的报道了；还有露天安装的各种电气设备，例如电动机、闸刀开关、电灯等被淋了雨，设备内部进水，使设备绝缘受潮，在运行中发生短路起火；再一个就是夏季气温比较高，对运行中的电气设备散热有很大影响，使得一些电气设备，如变压器、电动机、电容器、导线及接头等在运行中温度不断升高，同样会引起火灾。

我们再看冬季，因冬季天气寒冷，大雪、大风造成倒杆、断线等事故也会引起导线的短路发生火灾；再有在冬季我国北方会使用各种电气设备取暖，如电暖气、电褥子、俗称小太阳的电炉。这些电气设备在使用中，一个是使用时间太长，尤其是所配备的导线不合适时，会导致线路长时间负荷过重，温度不断升高，最终发生电气火灾。再一个就是这些电气设备的使用方法不当，如电炉子离可燃物很近，烤燃可燃物引起火灾，电褥子放在其他褥子下面散热不好，再加上长时间使用，引燃其他被褥，这也是冬季经常发生火灾的例子；另外在冬季空气干燥，易产生静电而引起火灾。

2. 时间性

有相当多的电气火灾发生在节假日或夜间。由于节假日企业单位放假了，用电量很少，但是在节假日，特别是晚上的时候，家庭和公共场所的用电量急剧增加，导致供电线路及电气设备过负荷运行而引发电气火灾；有的电气操作人员思想不集中，疏忽大意，在节、假日或下班之前，对电气设备及电源不进行妥善处理，便仓促离去；也有因临时停电不切断电源，待供电正常后引起失火。失火后，由于节、假日或夜间现场无人值班，难以及时发现，而蔓延扩大成灾。"

发生电气火灾的原因

"我们了解了电气火灾的特点后，再看看发生电气火灾的主要原因。发生电气火灾的原因主要包括以下五个方面：

1. 线路漏电

所谓线路漏电，就是线路的某一个部位因为某种原因（自然原因或人为原因，如风吹雨打、潮湿、高温、碰压、划破、摩擦、腐蚀等）使电线的绝缘或支架材料的绝缘能力下降，导致电线与电线之间（通过损坏的绝缘、支架等）、导线与大地之间

（电线通过水泥墙壁的钢筋、马口铁皮等）有一部分电流通过，这种现象就是漏电。当漏电发生时，泄漏的电流在流入大地途中，如遇电阻较大的部位时，会产生局部高温，致使附近的可燃物着火，从而引起火灾。此外，在漏电点产生的漏电火花同样也会引起火灾。

2. 线路或电器短路

电气线路中的裸导线或绝缘导线的绝缘体破损后，相线与邻线，或相线与地线（包括接地从属于大地）在某一点碰在一起，引起电流突然大量增加的现象就叫短路，俗称碰线、混线或连电。由于短路时电阻突然减少，电流突然增大，其瞬间的发热量也很大，大大超过了线路正常工作时的发热量，并在短路点易产生强烈的电火花和电弧，不仅能使绝缘层迅速燃烧，而且能使金属熔化，引起附近的易燃可燃物燃烧，造成火灾。"

"刘师傅，您这里说的电弧，比较好理解，那么电火花是怎么回事？"

"电火花是电极间的击穿放电，电弧是大量的火花汇集成的。一般电火花的温度很高，特别是电弧温度可高达 3000～6000℃，因此电火花和电弧不仅能引起可燃物燃烧，还可能使金属熔化、飞溅，构成危险的火源。在有爆炸危险的场所，电火花和电弧更是一个十分危险的因素。电火花可分为工作火花和事故火花：工作火花是指电气设备正常工作时或正常操作过程中产生的火花；事故火花是线路或设备发生故障时出现的火花，以及由外来原因产生的火花，如雷电火花、静电火花、高频感应电火花等。

例如前些年，某 28 层的温富大厦裙房一楼有一花店发生火灾。火苗引燃花店内大量干花、包装纸、塑料花等易燃物酿成大火。滚滚浓烟冲上花店一楼外墙，经一楼房顶广告牌的阻挡，从二楼窗户直接涌入舞厅。舞厅内当时有很多人，人们虽然迅速向通道奔逃，但还是有人被大火和浓烟吞噬了生命。大火将花店和隔壁的美容店化为灰烬。经查，火灾原因是花店吊顶内照明线路短路，产生了电火花引燃了吊顶内的可燃物。

3. 过负荷火灾

过负荷是指当导线中通过电流量超过安全载流量时，这种现象就叫导线过负荷。发生过负荷时导线的温度不断升高，可能会导致火灾。过负荷的原因比较多，例如：

（1）企业管理不严、电气设备和导线乱拉乱接，容易造成线路或设备过负荷运行。

（2）操作人员巡检不及时或不到位，设备故障运行造成设备和线路过负荷，如三相电动机缺相运行或三相变压器不对称运行均可能造成过负荷。

（3）设计时选用线路或设备不合理，或没有考虑适当的裕量，以致在正常负荷下出现过热。当导线过负荷时，加快了导线绝缘层老化变质。当严重过负荷时，导线的温度会不断升高，甚至会引起导线的绝缘发生燃烧并引燃导线附近的可燃物，从而造成火灾。

例如，前些年有一熟食加工车间发生火灾。该厂是钢结构屋架，厂房建筑面积 $6256m^2$。在这样巨大的空间里，用聚氨酯板等可燃性建筑材料分隔成若干车间，在里面进行食品加工包装等作业。工作人员擅自离开岗位，电锅油温过高起火。火灾发生后，由于突然断电，现场漆黑一团，铁卷帘门落下后无法开启，屋顶又突然坍塌，造成多名人员死亡。

还有，某游戏厅发生重大火灾，死亡 17 人。游戏厅业主在未经有关部门批准的情况下，擅自开办游戏厅。在刚开始的几年间曾先后被公安、工商部门查封，但在利益驱动下，业主将游戏厅所有窗户及部分墙壁进行改造伪装后偷偷开业，某日，游戏厅内放置在木箱内的变压器因长时间通电过热，引燃周围可燃物发生大火。

4. 接触电阻过大火灾

凡是导线与导线连接、或是导线与开关、熔断器、仪表、电气设备等连接的地方都有接头，在接头的接触面上形成的电阻称为接触电阻。当有电流通过接头时会发热，这是正常现象。如果接头处理良好，接触电阻不大，则接头的发热就很少，可以保持正常温度。如果接头中有杂质，连接不牢靠或由于其他原因使接头接触不良，造成接触部位的局部电阻过大，当电流通过接头时，就会在此处产生大量的热，形成高温，这种现象就是接触电阻过大。在有较大电流通过的电气线路上，如果在某处接触电阻过大，就会在其局部范围内产生极大的热量，使金属变色甚至熔化，引起导线的绝缘层发生燃烧，并引燃附近的可燃物或导线上积落的粉尘、纤维等，从而造成火灾。

5. 电气设备使用不当火灾

任何一种电气设备都有它自己的操作规程和使用方法，我们如果违背了正确的操作规程和使用方法，就有可能发生各种事故。在家庭中使用电熨斗时，是禁止将熨斗平放在衣物上面的，过热的电熨斗几分钟就能引燃衣物。还有前几年，某医院住院楼发生火灾，大火造成 40 人死亡。当日 16 时 10 分许，该医院突然停电。电工在一次电源跳闸、备用电源未自动启动的情况下，既没查明电源跳闸原因，又没消除电源跳闸故障，即刻强行推闸送电。16 时 30 分许，配电箱内发出'砰砰'声，并产生电弧和烟雾，导致配电室发生火灾，在自救无效的情况下，于 16 时 57 分才打电话报警，前后历时近 30min，造成了火势的迅速发展蔓延。"

第二节　电气火灾的扑救

切断现场电源

"我们再说说电气火灾的扑救。"刘师傅接着讲下去。

"刘师傅，电气火灾的扑救和其他火灾的扑救不一样吗？"

"当然不一样了，这是因为电气火灾都是由电引起的，所以这样的火灾现场扑救就必须考虑到电的问题。为了防止扑救人员发生触电事故，一般都在切断电源后才进行扑救。"

"那应该怎么切断电气火灾现场的电源呢？"

"切断电气火灾现场的电源要注意下面几个问题：

（1）电气设备发生火灾后，要立即切断电源，如果要切断整个车间或整个建筑物的电源时，可在变电站、配电室断开主开关。在自动空气开关或油断路器等主开关没有断开前，不能随便拉隔离开关，以免产生电弧发生危险。

（2）发生火灾后，使用刀开关切断电源时，由于刀开关在发生火灾时受潮或烟熏，其绝缘强度会降低，切断电源时，最好用绝缘的工具操作。

（3）切断用磁力启动器控制的电动机时，应先用接钮开关停电，然后再断开刀开关，防止带负荷操作产生电弧伤人。

（4）在动力配电盘上，只用作隔离电源而不用作切断负荷电流的刀开关或瓷插式熔断器，叫总开关或电源开关。切断电源时，应先用电动机的控制开关切断电动机回路的负荷电流，停止各个电动机的运转，然后再用总开关切断配电盘的总电源。

（5）当进入建筑物内，用各种电气开关切断电源已经比较困难，或者已经不可能时，可以在上一级变配电站切断电源。这样要影响较大范围供电。处于生活居住区的杆上变电台供电时，有时则需要采取剪断电气线路的方法来切断电源。如需剪断对地电压在 250V 以下的线路时，可穿戴绝缘靴和绝缘手套，用断电剪将电线剪断。切断电源的地点要选择适当，剪断的位置应在电源方向，即来电方向的支持物附近，防止导线剪断后掉落在地上造成接地短路触电伤人。对三相线路的非同相电线应在不同部位剪断。在剪断扭缠在一起的合股线时，要防止两股以上合剪，以免造成短路事故。

（6）城市生活居住区的杆上变压器台上的变压器和农村小型

变压器的高压侧，多用跌落式熔断器保护，如果需要切断变压器的电源，可以用电工专用的绝缘杆拉开落式熔断器的动触头，熔丝管就会跌落下来，达到断电的目的。

（7）电容器和电缆在切断电源后，仍可能有残余电压，因此，即使可以确定电容器或电缆已经切断电源，但是为了安全起见，仍不能直接接触或搬动电缆和电容器，以防发生触电事故。"

 电气设备火灾扑救

"我们再说说几种主要电气设备火灾的扑救方法。

（一）发电机和电动机的火灾扑救方法

发电机和电动机这样的电气设备都属于旋转电机类，这类设备的特点是绝缘材料比较少（这是和其他电气设备比较而言的），而且有比较坚固的外壳，如果附近没有其他可燃易燃物质，且扑救及时，就可防止火灾扩大蔓延。由于可燃物质数量比较少，就可用二氧化碳、1211等灭火器扑救。大型旋转电机燃烧猛烈时，可用水蒸气和喷雾水扑救。实践证明，用喷雾水扑救的效果更好。旋转电机着火时，不能用砂土扑救，以防硬性杂质落入电机内，使电机的绝缘和轴承等受到损坏而造成严重后果。

（二）变压器的火灾扑救方法

电力变压器是电力供电系统的一个重要环节，可以讲，哪里有人烟，哪里就有电；哪里有电，哪里就有变压器。

我们先看变压器本身易发火灾特点：油浸式电力变压器有大量绝缘油，同时还有一定数量的可燃物，如纸板、棉纱、布、木材等，这些有机可燃物若遇高温、火花和电弧，都易引起火灾和爆炸，从而导致变压器存在火灾的危险性。

1. 变压器火灾的主要因素

（1）由于变压器制造质量差，或检修失误，或长期过负荷运行时，使内部绕组绝缘损坏，发生短路。

（2）接头连接不良，造成接触电阻过大，导致局部高温起火。

（3）铁芯绝缘损坏，涡流增大，温度升高，引起内部可燃物燃烧。

（4）用电设备发生短路或过负荷时，若遇变压器的保护装置失灵或容量匹配不当等，会引起变压器过热。

（5）变压器的油质劣化，或油箱漏油、缺油等，影响油的热循环，使油的散热能力下降，导致过热起火。

（6）变压器遭受雷击，产生电弧或电火花引燃可燃物。

（7）小动物（蛇、老鼠）及其他东西（掉落的树枝、居民扔的垃圾袋）跨接在变压器的套管上，引起短路起火。

2. 变压器火灾的扑救措施及注意事项

（1）断电灭火：

1）断电技术措施。为防止火灾现场上发生触电事故，因此在断电时首先要有单位电工技术人员的合作，其次应有专门的断电工具。切断电源时应采取以下方法或措施：①变电站断开主开关；②用跌落式熔断器切断电源；③请求供电局对变压器所在的地域进行停电。

2）断电后的扑救措施。变压器发生火灾时，切断电源后的扑救方法与扑救可燃液体火灾相同：①如果油箱没有破损，可用干粉、1211、二氧化碳等灭火剂进行扑救；②如果油箱破裂，大量油流出燃烧，火势凶猛时，切断电源后可用喷雾水或泡沫扑救，流散的油火也可用砂土压埋。预先还应在变压器基础下面备有收集油的沟池，以将流淌的油集中用泡沫扑救；③大型的变电设备，都有许多瓷质绝缘套管，这些套管在高温状态遇急冷或冷却不均匀时，容易爆裂而损坏设备，可能造成不必要的损失。有绝缘油的套管爆裂后还会造成绝缘油流散，使火势进一步扩大蔓延，所以，遇到这种情况最好采用喷雾水灭火，并注意均匀冷却设备。

(2) 带电灭火。在灭火过程中，常常遇到设备带电的情况，有的情况紧急，为了争取灭火时间，必须在带电情况下进行扑救。有时因生产需要或其他原因无法切断电源时，或遇切断电源后仍有较高的残留电压时，也需要带电灭火。带电灭火关键是解决触电危险，当采取各种安全措施后，对带电的变压器火灾的扑救方法与断电后的扑救方法相同。

1) 用灭火器带电灭火。

a) 常用灭火剂和最小安全距离：常用的灭火剂有二氧化碳、1211、干粉等，这些灭火剂都不导电，有足够的绝缘能力。为了安全起见，应使人体距带电体之间的最小安全距离不应小于3m。

b) 注意事项：①注意操作要领和使用要求；②尽量在上风处喷射。

c) 保持最小安全距离。

2) 启动灭火装置带电灭火。装设有固定或半固定灭火装置，对及时扑灭初期火灾、保护设备和防止火势蔓延扩大有重要作用。目前发电厂和供电系统使用的固定灭火装置有水蒸气、1211和雾状水等，但就我国目前的现状来讲，装置在室外变压器的固定灭火装置几乎没有。

a) 1211装置。在变电站内的变压器，常用的是1211灭火装置，它的喷头安装在变压器的上部和下部贮油的四周，使灭火剂能有重点地喷射到燃烧区域内。

b) 水喷雾灭火装置。现实中水喷雾灭火装置只针对室内的大型、重要的变电设备，机房和供电系统，它采用自控系统，发生火灾时，能自动机警，自动灭火。"

 电缆火灾的扑救方法

1. 电缆发生火灾的原因

"电缆发生火灾的原因有：

（1）电缆隧道堆放杂物，电缆或电缆支架上积灰过厚，电缆隧道有可燃气体、可燃液体泄漏等，经高温或明火引燃，发生火灾或爆炸。

（2）电缆长期过负荷、温度过高使绝缘材料老化，造成绝缘性能下降，击穿引燃。

（3）短路电流作用引起电缆着火。

（4）电缆中间接头压接不紧、焊接不牢，使运行中的电缆接头发生氧化；注入电缆中间接头盒的绝缘物质剂量不符合要求，或灌注时盒内存有气孔；电缆盒密封不良或受损，裂纹浸入潮气，使绝缘击穿，起火爆炸。

（5）电缆头表面受潮或积污，电缆头瓷套管破裂及引出线相间距离过小等导致闪络起火。

（6）电缆的防护层在电缆敷设时遭到损坏或电缆绝缘在运行中受到机械损伤，引起电缆相间与外层间的绝缘击穿。

（7）电缆隧道、沟道内积水严重，布置较低的电缆经常被水浸泡，容易使电缆绝缘老化引起短路，导致火灾。

（8）在电缆附近进行动火作业，安全措施不完善，电焊渣火花落到电缆上引起着火。

2. 电缆火灾的特点

电线电缆引发火灾的原因，刚才讲到主要是因为过负荷、短路、接触电阻过大及外部热源作用。在短路、局部过热等故障状态及外热作用下，绝缘材料绝缘电阻下降、失去绝缘能力，甚至燃烧，进而引发火灾。火灾中电线电缆的主要特性有：

（1）火灾温度一般在 $800\sim1000℃$，在火灾情况下，导线电缆会很快失去绝缘能力，进而引发短路等次生电气事故，造成更大的损失。

（2）在一般的情况下，着火是以爆炸形式起火燃烧的。电缆着火后，顺着电缆线，呈线形燃烧，像快速点燃的蚊香，烟大火小速度慢。

（3）电缆着火，烟雾弥漫，故障点寻找难。此种燃烧起初发生在电缆的某一段，若发生在电缆层、沟内或隐蔽处，难以找到着火点，极易扩大成灾。

（4）一般电缆布置比较密集，单根电缆爆炸着火后，形成的带火流胶流向相邻近的其他电缆，许多电缆被点燃，相继短路爆炸，引起连锁反应，造成事故扩大。

（5）电缆燃烧会产生大量的浓烟和有毒气体，电缆烟气不仅会破坏电气设备造成设备的短路，而且还会威胁人的生命安全。

（6）短路状态下，导线电缆会在瞬间引起绝缘材料熔化、燃烧，并引燃周围可燃物。"

"刘师傅，那电缆一旦发生火灾，我们应该怎么去扑救？"

"首先我们要做好电缆火灾的防护措施。"

"那电缆的防火措施怎么做？"

"要根据电缆的具体情况，做好这么几点：

（1）所有穿越墙壁、楼板和电缆沟道而进入控制室、电缆夹层、控制柜及仪表盘等处的电缆孔洞，电缆廊道的端部，电缆竖井的底部入口处及上端穿越楼板处均应进行封闭。

（2）开敞的电缆沟应用完整、坚固的盖板盖好。电缆层、沟内应保持清洁，不准堆放杂物和垃圾，附近有明火作业时，应采取措施防止火种进入电缆层、沟内。

（3）敷设电缆应避免接近热源，避免与蒸汽管道平行或交叉，热管道的隧道或沟内不能敷设电缆，如需敷设，应采取隔热措施。

（4）关注电缆终端与接头的装置状况和运行情况，进行'特级'护理，并逐一登记做好记录。

（5）根据电缆的环境特点和重要性程度，并结合运行可靠、维护方便和经济合理的原则，在可能的情况下，选用具有难燃性的电缆。

（6）增设火灾自动报警和专用消防装置。

（7）严格按照有关规程，定期对运行的电缆进行检查、试验和检修，层沟内的照明及消防设施应经常保持良好状态。

总而言之，做好电缆的阻火分隔和孔洞封闭是保证电缆安全运行隔绝火源避免事故扩大的有力措施。

如果一旦发生电缆火灾，首先是不要惊慌，除了打电话报警外，要第一时间自救。

（1）电缆的着火燃烧，不论情况如何，都应立即将着火及相邻的电缆电源切断，迅速找出起火点，参照预案组织扑救。

（2）电缆在沟、隧道中着火时，应将防火门关闭或将两端堵死，用窒息法灭火。

（3）用水灭电缆火灾，应选用喷雾水枪。如果燃烧猛烈，待切断电源后，向沟内灌水熄火。

（4）扑救电缆火灾时，扑救人员离故障点应在 5m 以上，并戴上防毒面具，套上橡皮手套，穿上绝缘靴。

（5）扑救过程，禁止接触和移动电缆，特殊情况必须用水带电灭火时，切记应在水枪头上牢固地安装接地线，持枪手的位置应在地线后，然后根据水压尽量远距离放水扑救。"

第三节　电气火灾的预防措施

 企事业单位电气火灾预防措施

"刘师傅，刚才讲了电气火灾的许多因素，那我们在平时应该怎么样来杜绝电气火灾呢?"

"杜绝电气火灾我分两部分来说，先说企事业单位吧。

（1）作为一个企业或事业单位防止电气火灾首先要从根源做起。"

"刘师傅，您这里说的从根源做起，就是从电气作业人员抓起吧。"

"对，首先要经常教育电气操作人员正确、严格执行电气安全操作规程，也要加强电气作业人员的现场技术培训，不断提高这些人员的实际操作水平和处理各种电气设备故障的能力，避免违规操作或操作方法不当而引起的电气火灾事故。

（2）组织设计时要根据电气设备的用电容量正确选择导线截面，先从理论上杜绝电气线路过负荷使用。保护装置也要认真选择匹配，当线路出现长时间过负荷时，保护装置能在规定的时间内动作切断过负荷的线路。

（3）架空敷设时，其各相间隔以及导线与其他设备、建筑物的间隔距离必须满足规范要求。当配电线路采用熔断器做短路保护时，熔体的额定电流一定要小于所保护电缆线路或穿管绝缘导线允许载流量的 2.5 倍，明敷设绝缘导线为允许载流量的 1.5 倍。

（4）电气操作人员在进行各种导线接头的制作时，一定要按导线连接工艺要求正确操作，固定连接的导线与导线的连接或导线与设备的连接一定要连接牢固，使用螺栓连接的，螺栓一定要从下面往上穿入。"

"刘师傅，等一下，您这里讲电气导线或电气设备的固定连接，如果用螺栓连接时，为什么一定要将螺栓从下往上穿入螺孔？"

"是这样的，电气设备和导线在有电流通过时，都会受到电动力的作用，而导线在这种电动力的作用下就会有振动，只不过这种电动力和导线的振动微乎其微，我们几乎察觉不到，但就是这微乎其微的振动能使螺栓的螺母在其本身重力的作用下往下移动，如果我们是把螺栓由上而下穿入螺孔来固定导线端子，螺母在这种振动的作用下往下移动时，导线连接点端子就会松动，会使得接触电阻增大而接触不良，导致连接点发热，严重的还会烧损导线连接点。而螺栓由下往上穿入螺孔就会避免这种事故。

还有如果两种不同材料的导线端子（铜、铝）要由螺栓固定连载一起时，一定要使用铜铝过渡端子或在导线端子上烫锡。因为当铜、铝导体直接连接时，这两种金属的接触面在空气中水分、二氧化碳和其他杂质的作用下极易形成电解液，从而形成的以铝为负极、铜为正极的原电池，使铝产生电化腐蚀，造成铜、铝连接处的接触电阻增大。另外，由于铜、铝的弹性模量和热膨胀系数相差很大，在运行中经多次冷热循环（通电与断电）后，会使接触点处产生较大的间隙而影响接触，也增大了接触电阻。接触电阻增大，运行中就会引起温度升高。高温下腐蚀氧化就会加剧，产生恶性循环，使连接质量进一步恶化，导致接触点温度过高甚至会发生冒烟、烧毁等事故。而锡是一种比较稳定的金属，铜铝导线连接点使用铜铝过渡或烫锡就是为防止这种导线发热事故的措施之一。

（5）企事业单位的配电室内要备有灭火用沙箱和用于电气火灾的灭火器；要严格执行电气设备轮换检修制度，发现电气设备的问题及时解决，保证电气设备健康运行；要严禁人为的电气设备超载运行，并且在电气设备附近严禁堆放易燃物品。

（6）除工作需要外，在办公楼内、施工现场等场所严禁使用电炉子做饭、取暖等；使用碘钨灯时，碘钨灯与其他易燃品要保证 5m 的安全距离，且不得直接照射易燃物，如果达不到安全距离，就必须采取隔热措施；室内不得使用超过 100W 的大灯泡用于照明。

（7）企业在使用电焊机时，要执行用火证制度，在使用中由专人监护，施焊周围也不得有易燃物，同时现场要备有防火设施；使用中电焊机要放在通风良好的地点。

（8）企业单位中的高大设备，包括楼宇建筑物和有可能产生静电的电气设备，要做好防雷接地和防静电接地措施，以免遭受雷电或产生静电火花引起火灾。

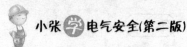

（9）存放有易燃、易爆气体及物体仓库内的照明设施必须采用防爆型灯具，导线敷设、灯具安装以及导线与设备的连接均应符合有关规范要求。

（10）配电箱、开关箱严禁堆放杂物，特别是易燃易爆物体，并有专人负责定期检查打扫。

（11）凡是企业单位具备的消防泵，其电源必须由总电源箱专线供电，并且此专线不得设置漏电保护器，仅可以设置单相接地报警装置。有条件的单位企业，消防泵应该由两个不同电源箱供电。

（12）各企业单位都应当建立电气巡回检查制度，建立电气消防队伍，并经常培训电气消防知识。"

 家庭电气火灾预防措施

"再说说防止家庭电气火灾。

近年来，随着人们生活水平的提高，类似于浴霸这样集取暖、浴室换气、日常照明等多种功能于一体的小家电产品已广泛进入家庭中，但是由于产品在质量、安装、使用等方面存在问题所引起的火灾事故也数不胜数。

使用浴霸注意事项：

（1）经常使用的浴霸，要进行定期线路检修，严禁使用实际电压和浴霸的额定电压不符的，以防造成短路引发火灾。

（2）浴霸的线路严禁接触暖气、自来水、煤气及其他管道，以防因其漏电等引起触电或火花而引起火灾。

（3）浴霸不能长时间工作，以免造成电动机过载导致绕组过热产生高温烧毁绝缘层或其他元件，造成短路。

（4）使用时不能让水溅到电动机上，尤其不要让沐浴液、洗发水等泡沫溅到电动机或其他电器元件上，以防腐蚀损坏绝缘从而造成短路。

（5）在浴霸用完后，要关闭开关，拔掉插头，彻底切掉电源，严防电动机受潮降低里面电子元件的绝缘性能，引起火灾或触电事故。

现在，家庭使用的各种家庭电器越来越多，尤其是厨房的小家电，像豆浆机、面包机、果汁机、微波炉、电磁炉等，购买时一定要选择正规厂家的合格产品，不能图便宜而使用了劣质的'三无'产品。'三无'产品质量低劣，绝缘性能恶劣往往由此发生绝缘损坏而造成火灾事故。

还有一点值得注意，作为一个家庭来说，尤其是农村家庭，首先是不要在屋里或农村的仓房里乱拉乱扯电线，如果需要安置电线，应由正规电工按规程要求布置电线。"

第四节 电气防爆

 爆炸的基础认识

"我们首先应该了解电气防爆的一般基础知识，即发生爆炸的机理和企业发生爆炸的原因。

爆炸就是某种物质由一种状态迅速地转变为另一种状态，并在瞬间释放出巨大能量，同时伴有巨大响声的物理现象。

爆炸一般以两种形式出现，一种是物理性爆炸，另一种是化学性爆炸。"

"刘师傅，什么是物理性爆炸？"

"物理性爆炸就是物质的状态或压力发生突变等物理变化而形成爆炸，如容器内液体过热、汽化而引起的锅炉爆炸。压缩气体或液化气体超压引起的爆炸，也称爆裂。"

"那什么是化学爆炸呢？"

"化学爆炸就是因物质本身起化学反应，产生大量气体和高温而发生的爆炸（有些化学液体会沸腾），如炸药的爆炸，可燃气体、液体蒸发的气体和粉尘与空气（一定浓度的氧气）混合物的爆炸等。

电气火花或电弧最容易引起化学爆炸，所以我们应该更多地了解化学爆炸。

可燃烧物、氧化剂和引火源，称为燃烧三要素。爆炸是剧烈燃烧，爆炸是能量（物理能、化学能或核能）在瞬间迅速释放或急剧转化成机械功和其他能量的现象。一般来说，爆炸现象具有以下特征：

（1）爆炸过程进行得很快。

（2）爆炸点附近压力急剧升高，多数爆炸伴有温度升高。

（3）周围介质在压力作用下产生振动或受到机械破坏。

（4）由于介质振动而产生声响。其中，压力急剧升高是爆炸现象的最主要特征。

造成爆炸的条件是：①温度；②压力；③爆炸物的浓度。

化学性爆炸按爆炸时所产生的化学变化，可分三类。

（1）简单分解爆炸。引起简单分解爆炸的爆炸物在爆炸时并不一定发生燃烧反应，爆炸所需的热量是由于爆炸物质本身分解时产生的。属于这一类的有叠氮铅、乙炔银、乙炔酮、碘化氮、氯化氮等，这类物质是非常危险的，受轻微振动即引起爆炸。

（2）复杂分解爆炸。这类爆炸性物质的危险性较简单分解爆炸物低，所有炸药均属于该类。这类物质爆炸时伴有燃烧现象，燃烧所需的氧由本身分解时供给，各种氮及氯的氧化物、苦味酸等都是属于这一类。

（3）爆炸性混合物爆炸。所有可燃气体、可燃液体的蒸气及粉尘与空气混合所形成的混合物的爆炸均属于此类。这类物质爆炸需要一定条件，如爆炸性物质的含量、氧气含量及激发能源等，其危险性虽较前两类低，但极普遍，造成的危害性也较大。

我们再看看爆炸危险物质的分类。爆炸危险物质类别分为三类：Ⅰ类，矿井甲烷；Ⅱ类：爆炸性气体、蒸气、薄雾；Ⅲ类：爆炸性粉尘、纤维。"

"刘师傅，这个分类是怎么划分的？"

"爆炸危险物质类别的划分是比较复杂的，危险物质的级别和组别是根据其性能参数来划分的。这些性能参数包括危险物质的闪点、燃点、引燃温度、爆炸极限、最小点燃电流比、最小引燃能量、最大试验安全间隙等。

（1）闪点。在规定的试验条件下，易燃液体能释放出足够的蒸气并在液面上方与空气形成爆炸性混合物，点火时能发生闪燃（一闪即灭）的最低温度。

（2）燃点。燃点是物质在空气中点火时发生燃烧，移去火源仍能继续燃烧的最低温度。对于闪点不超过 45℃ 的易燃液体，燃点仅比闪点高 1～5℃，一般只考虑闪点，不考虑燃点。对于闪点比较高的可燃液体和可燃固体，闪点与燃点相差较大，应用时有必要加以考虑。

（3）引燃温度。引燃温度又称自燃点或自燃温度，是指在规定试验条件下，可燃物质不需要外来火源即发生燃烧的最低温度。

（4）爆炸极限。爆炸极限通常是指爆炸浓度极限，它是在一定的温度和压力下，气体、蒸气、薄雾或粉尘、纤维与空气形成的能够被引燃并传播火焰的浓度范围。该范围的最低浓度称为爆炸下限，最高浓度称为爆炸上限。

（5）最小点燃电流比。最小点燃电流比是指在规定试验条件下，气体、蒸气、薄雾等爆炸性混合物的最小点燃电流与甲烷爆炸性混合物的最小点燃电流之比。

（6）最小引燃能量。最小引燃能量是指在规定的试验条件下，能使爆炸性混合物燃爆所需最小电火花的能量。如果引燃源的能量低于这个临界值，一般不会着火。

（7）最大试验安全间隙。最大试验安全间隙是衡量爆炸性物品传爆能力的性能参数，是指在规定试验条件下，两个经间隙长为 25mm 连通的容器，一个容器内燃爆时不致引起另一个容器内燃爆的最大连通间隙。"

 爆炸危险的划分

（一）爆炸危险场所分级

"我们除了要了解危险爆炸物质的分类外，为了正确选用电气设备、电气线路和各种防爆设施，必须正确划分所在环境危险区域的大小和级别。"

"这个区域和级别怎么划分?"小张问了一句。

刘师傅接着说道："《爆炸危险场所安全规定》（劳部发〔1995〕56 号），将爆炸危险场所划分为特别危险场所、高度危险场所和一般危险场所三个等级。

（1）特别危险场所指储存物质的性质特别危险，储存的数量特别大，工艺条件特殊，一旦发生爆炸事故将会造成巨大的经济损失、严重的人员伤亡，危害极大的危险场所。

（2）高度危险场所指物质的危险性较大，储存的数量较大，工艺条件较为特殊，一旦发生爆炸事故将会造成较大的经济损失、较为严重的人员伤亡，具有一定危害的危险场所。

（3）一般危险场所指物质的危险性较小，储存的数量较少，工艺条件一般，即使发生爆炸事故，所造成的危害也较小的场所。

在划分危险场所等级时，对周围环境条件较差或发生过重大事故的危险场所应提高一个危险等级。

（二）爆炸危险场所危险程度分级

《爆炸危险场所电气安全规程（试行）》（劳人护〔1987〕36 号）对爆炸危险场所危险程度的划分为气体爆炸危险场所和粉尘爆炸危险场所两类，每类又分成若干级别：

1. 气体爆炸危险场所危险程度分级

对爆炸性气体、易燃或可燃液体的蒸气与空气混合形成爆炸性气体混合物的场所，按其危险程度分为 3 个区域等级：

(1) 0 级区域（简称 0 区）。指正常情况下，爆炸性气体混合物连续短时间频繁地出现或长时间存在的场所，如：

1）装盛易燃液体容器或贮罐的液面上部空间。

2）装盛可燃气体容器、槽、罐等设备的内部空间。

3）敞口容器装有易燃液体，在液面上方附近，爆炸性混合物的浓度连续超过爆炸下限的空间。

4）喷漆作业室内，爆炸性混合物连续出现的区域。

(2) 1 级区域（简称 1 区）。指正常情况下，爆炸性气体混合物有可能出现的场所，如：

1）油桶、油罐、油槽灌注易燃液体时的开口部位附近区域。

2）爆炸性气体排放口附近的空间，如泄压阀、排气阀、呼吸阀、阻火器的附近空间。

3）浮顶贮罐的浮顶上空间。

4）无良好通风的室内，有可能释放、积聚形成爆炸性混合物的区域。

5）可能泄漏的场所内，有阻碍通风的区域，如易积聚爆炸性混合物的洼坑、沟槽等处。

(3) 2 级区域（简称 2 区）。指正常情况下，爆炸性气体混合物不能出现，仅在不正常情况下偶尔短时间出现的场所，如：

1）有可能由于腐蚀、陈旧等原因致使设备、容器破损而泄漏出危险物料的区域。

2）因误操作或因异常反应形成高温、高压，有可能泄漏出危险物料的区域。

3）由于通风设备发生故障，爆炸性气体有可能积聚形成爆炸性混合物的区域。

上面提到的正常情况是指设备的正常启动、停止，正常运行

和维修，不正常情况下是指有可能发生设备故障或误操作。

2. 粉尘爆炸危险场所的危险程度分级

《爆炸危险场所电气安全规程（试行）》（劳人护〔1987〕36号）按危险程度将该类场所分为两个区域等级。

（1）10区。指正常情况下，爆炸性粉尘与空气的混合物，可能连续短时间频繁出现或长时间存在的场所，如：

1）通风不良的粉碎（磨）可燃物料的车间，如谷物加工、饲料粉碎、煤粉加工等。

2）通风不良的黑火药生产车间。

3）棉花加工的轧花车间、打包车间、下脚回收车间。

4）空气流输送爆炸性粉尘、纤维的管道及其设施。

5）纺织厂的除尘室。

（2）11区。指正常情况下，爆炸性粉尘或可燃纤维与空气的混合物不能出现，仅在不正常情况下偶尔短时间出现的场所，如：

1）有可能因设备装置腐蚀、老化等原因，导致其破损，泄漏危险物料的区域。

2）因误操作或机械设备故障有可能漏出危险物料的区域。

3）由于通风设备发生故障有可能形成爆炸性混合物的区域。

4）在某种条件下，能使沉积的粉尘或纤维重新飞扬起来，有可能形成爆炸性混合物的区域。

（三）爆炸危险区域范围划分

1. 气体爆炸危险区域的范围划分

（1）1区范围以厂房为界。通风良好时，通向露天的门窗外3m（水平和垂直距离）以内的区域划分为2区；通风不好时，水平距离7.5m内划为2区。

（2）2区范围也以厂房为界。通风良好时，通向露天的门窗外水平1m以内的区域也划分为2区；通风不好时，3m以内划分为2区。

2. 粉尘爆炸危险区域的范围划分

(1) 10区范围以厂房为界。在自然通风良好条件下，通向露天的门窗外水平距离7.5m（通风不良时为15m），地面和屋顶上方垂直高度3m以内的区域可以降低一级，划分为11区。

(2) 11区范围也以厂房为界，但通向露天的门窗外水平3m，地面以上3m，屋顶上方1m以内的区域也划分为11区。

3. 与爆炸危险场所相邻场所危险程度的划分

(1) 与0区隔开两道墙（带门的墙，两道隔墙门框之间的净距离大于2m）的区域划为1区。

(2) 与1区隔开1道带门的墙的区域划为2区。与1区隔开两道墙（带门的墙，两道隔墙门框之间的净距离大于2m）的区域划为非危险区。

(3) 与2区隔开1道带门的墙的区域划为非危险区。

(4) 与10区隔开两道墙（带门的墙，两道隔墙门框之间的净距离大于2m）的区域划为11区。

(5) 与11区隔开1道带门的墙的区域划为非危险区。

4. 与爆炸危险区域相邻的地下场所危险程度的划分

一般与爆炸危险场所相邻场所危险程度的划分相同。若不能保证地下场所的风压高于危险场所时，地下场所的危险等级应比相邻危险场所高一级。

（四）影响易燃易爆危险场所危险程度的因素

(1) 可燃物如可燃气体、液体、固体的燃烧爆炸特性。

(2) 可燃物所处位置。

(3) 场所的通风状态。

(4) 设备、装置的布局及配置情况等。"

 防爆电器的划分

"刘师傅，爆炸的危险因素和范围都很清楚了，对于防爆，我们作为一名电工，能做什么呢?"

1. IP 防护等级

"首先我们使用的电气设备都必须是防爆的。"

"都有哪些设备是防爆的?"

"我们首先要熟悉电气设备防爆的等级和分类。

IP 防护等级系统将电气设备按照其防尘防湿气的特性加以分级。

IP 防护等级是由 IP 两个字母外加数字所组成。第 1 个数字表示电气设备防尘、防止外物侵入的等级,第 2 个数字表示电气设备防湿气、防水侵入的密闭程度,数字越大表示其防护等级越高。防尘等级和防水等级数字所表示的防护等级见表 6-1 和表 6-2。表中所指的外物是指各种工具、人的手指等均不可接触到电气设备内的带电部分以免触电。"

表 6-1　　　　　　电气设备的防尘等级数字含义

数字	意义	说明
0	防护 50mm 直径和更大的固体外来物	
1	防护 50mm 直径和更大的固体外来物	防止较大尺寸(直径大于 50mm)的外物侵入
2	防护 12mm 直径和更大的固体外来物	防止中等尺寸(直径大 12mm)的外物侵入
3	防护 2.5mm 直径和更大的固体外来物	防止直径或厚度大于 2.5mm 的细小外物侵入
4	防护 1.0mm 直径和更大的固体外来物	防止直径或厚度大于 1.0mm 的细小外物侵入
5	防护灰尘	完全防止外物侵入,虽不能完全防止灰尘进入,但侵入的灰尘量并不会影响正常工作
6	封闭灰尘	完全防止外物侵入,且可完全防止灰尘进入

表 6-2 电气设备的防水等级数字含义

数字	意义	说明
0	无防护	
1	水滴防护	垂直滴下的水滴（如凝结水）不会造成有害影响
2	倾斜 15°时仍可防止滴水侵入	当设备由垂直倾斜至 15°时，滴水对设备不会造成有害影响
3	防止喷洒的水侵入	防雨，或防止与垂直的夹角小于 60°的方向所喷洒的水进入设备造成损害
4	防止飞溅的水侵入	防止各方向飞溅而来的水进入设备造成损害
5	防止喷射的水侵入	防止来自各方向由喷嘴射出的水进入灯具造成损害
6	防止大浪的侵入	装设于甲板上的设备，防止因大浪的侵袭而进入造成损坏
7	防止短时浸水时水的侵入	设备浸在水中一定时间或水压在一定的标准以下能确保不因进水而造成损坏
8	防止沉没时水的侵入	设备无限期的沉没在指定水压的状况下，能确保不因进水而造成损坏

2. 防爆电气设备的分类、防爆原理及代码

"我们再看看防爆电气设备的分类、防爆原理及代码。

防爆电气设备分为两大类：Ⅰ类，煤矿用电设备；Ⅱ类，除煤矿外的其他爆炸性气体环境用电气设备。爆炸性气体混合有155 种，种类繁多。

防爆电气设备的防爆型式及防爆原理如下：

（1）隔爆型电气设备（标志代号'd'）。一种具有隔爆外壳的电气设备。隔爆外壳能承受已进入外壳内部的可燃性混合物内

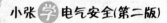

部爆炸而不损坏，并且通过外壳上的任何接合面或结构孔不会引燃一种或多种气体或蒸气所形成的外部爆炸性环境的电气设备。

（2）增安型电气设备（标志代号'e'）。一种对在正常运行条件下不会产生电弧、火花的电气设备，采取一些附加措施以提高其安全程度，防止其内部和外部部件可能出现危险温度、电弧或火花的电气设备。

（3）本质安全型电气设备（标志代号'i'）。本质安全通常指某个系统，而不是指某一个设备，它包含了以下两个部分：

1）本质安全电路。本质安全电路指在规定条件（包括正常工作和规定的条件）下产生的任何火花或任何热效应均不能点燃规定的爆炸性气体环境的电路。

2）本质安全设备。本质安全设备指在其内部的所有电路都是本质安全电路的电气设备。

（4）正压型电气设备（标志代号'p'）。一种通过保持内部保护气体的压力高于周围爆炸性环境压力的措施来达到安全的电气设备。

（5）充油型电气设备（标志代号'o'）。充油型电气设备是将设备中可能出现火花、电弧的部件或整个设备浸在油内，使设备不能点燃油面以上或外壳以外的爆炸性混合物，从而达到防爆的目的。

（6）充砂型电气设备（标志代号'q'）。充砂型电气设备是在外壳内充填砂粒材料，使设备在规定的使用条件下，壳内产生的电弧传播的火焰、外壳壁或砂粒材料表面的过热高温均不能点燃周围的爆炸性混合物的电气设备。

（7）无火花型电气设备（标志代号'n'）。电气设备在电气、机械上符合设计技术要求，并在制造厂规定的限度内使用不会点燃周围爆炸性混合物，且一般不会发生点燃故障的电气设备。该类设备在防止产生危险温度、外壳防护、防冲击、防机械摩擦火花、防电缆头故障等方面采取措施，防止火花、电弧或危险温度的产生，以此来提高安全程度。

（8）浇封型电气设备（标志代号'm'）。整台设备或其中部分浇注密封在浇封剂中，在正常运行和认可的过载或认可的故障下均不能点燃周围的爆炸性混合物的电气设备。"

3. 防爆电气设备选择原则

"我们了解了各种防爆电气设备的性能，再看看在各种爆炸、火灾等危险环境中电气设备的选择原则。

选择电气设备前，应了解和掌握所在爆炸危险环境的有关资料，包括危险等级和区域范围划分和所在危险环境爆炸性混合物的级别、组别等。

要根据掌握的电气设备使用环境的级别和使用条件以及防爆电气设备的种类，选用合适的电气设备，所选用的防爆电气设备的级别和组别不应低于该环境爆炸混合物的级别和组别。当存在两种以上爆炸物质时，应按混合后的爆炸性混合物的级别和组别选用，如无据可查，又不能进行试验时，可按危险程度较高的级别和组别选用。

爆炸危险环境内的电气设备必须符合《爆炸危险场所电气安全规程（试行）》（劳人护〔1987〕36号）并有国家检验部门防爆合格证的产品。爆炸危险环境内的电气设备应能防止周围化学、机械、热和生物因素的危害，应与环境温度、空气湿度、海拔、日照辐射、风少、地震的恶劣环境下的要求相适应，其结构应满足电气设备在规定的运行条件下不会降低防爆性能的要求，在爆炸危险环境中应少用或不用携带型设备，应尽量少安装插座。

防爆电气设备的成本比一般同样性能的电气设备要高一些，为节省防爆的费用，应尽量少用防爆电气设备。首先考虑把产生危险源的电气设备安装在危险环境之外，如果必须要安装在危险区域内，就必须使用防爆电气设备，同时也要考虑把电气设备安装在危险区域边缘地方。"

 气体、蒸气爆炸危险环境中的电气设备选择

"刘师傅，在这个环境中怎样选用电气设备？"

"在这样的环境中选用设备的确很重要，我们分类看看设备的选用。

旋转电动机类设备防爆炸结构选型应符合表6-3要求。"

表6-3　　　　　　　旋转电动机防爆炸结构选型

电气设备	爆炸危险环境区别						
	1区			2区			
	隔爆型	正压型	增安型	隔爆型	正压型	增安型	无火花型
笼型感应电动机	○	○	△	○	○	○	○
绕线感应电动机	△	△	—	○	○	○	×
直流电动机	△	△	—	○	○	—	—
电磁滑差离合器	△	△	×	○	○	○	△

"刘师傅，在这个表格里有三种符号，都是代表什么意思?"

"表格中'○'表示适用，就是在某种环境中适合选用设备的类型;'△'表示尽量避免选用;'×'表示不适用。例如在表6-3中的1区，选用笼式电动机就应该选用隔爆型或正压型，而尽量避免选用增安型。下面表中的符号含义与此表相同。"

"对于其他设备怎么选用?"

"对于变压器类设备，变压器、互感器、电抗器的防爆结构选型应符合表6-4的要求。"

表6-4　　　　　　　变压器防爆炸结构选型

电气设备	爆炸危险环境区别						
	1区			2区			
	隔爆型	正压型	增安型	隔爆型	正压型	增安型	充油型
变压器	△	△	×	○	○	○	○
电抗器	△	△	×	○	○	○	○
仪用互感器	△	—	×	○	—	○	○

"刘师傅，刚才讲的都是高压设备的选择，那低压设备在选择上有什么要求?"

"下面按照分类分别讲一下低压设备的选择。低压开关和控制类的防爆结构选型应符合表 6-5 的要求。照明灯具类的防爆结构选型应符合表 6-6 的要求，信号及其他电气设备爆炸结构选型应符合表 6-7 的要求。"

表 6-5 低压开关和控制类设备防爆炸结构选型

电气设备	爆炸危险环境区别										
	0区	1区					2区				
	本安型	本安型	增安型	隔爆型	正压型	充油型	本安型	增安型	隔爆型	正压型	充油型
开关、断路器	—	—	—	○	—	—	—	—	○	—	—
熔断器	—	—	—	△	—	—	—	—	○	—	—
控制开关、按钮	○	○	—	○	—	○	○	—	○	—	○
电抗器，启动补偿器	—	—	—	△	—	—	—	—	○	—	—
启动用金属电阻器	—	—	×	△	△	—	—	—	○	—	—
电磁阀电磁铁	—	—	×	○	—	—	—	—	○	—	—
操作箱、柜	—	—	—	○	—	—	—	—	○	—	—
配电盘	—	—	—	△	—	—	—	—	○	—	—

表 6-6 照明灯具类防爆炸结构选型

电气设备	爆炸危险环境区别			
	1区		2区	
	增安型	隔爆型	增安型	隔爆型
固定式灯	○	×	○	○
移动式灯	—	—	○	—
携带式电池灯	○	—	○	—
指示灯类	○	×	○	○
镇流器	○	△	○	○

表 6 - 7　　　　　信号及其他电气设备防爆炸结构选型

电气设备	爆炸危险环境区别								
	0 区	1 区				2 区			
	本安型	本安型	正压型	增安型	隔爆型	增安型	本安型	正压型	隔爆型
信号、报警装置	○	○	○	×	○	○	○	○	○
插接装置	—	—	—	—	○	○	○	—	○
电气测量表计	—	—	○	×	○	○	—	○	○

粉尘、纤维爆炸危险环境中电气设备的选型

"刘师傅,那粉尘、纤维爆炸危险环境的电气设备选择应该注意什么啊?"

"粉尘、纤维爆炸危险环境中电气设备的选型应符合 10 区、11 区电气设备防爆炸结构选型要求。10 区、11 区电气设备防爆炸结构选型见表 6 - 8。"

表 6 - 8　　　　　10 区、11 区电气设备防爆炸结构选型

电气设备		爆炸危险环境区别						
		10 区			11 区			
		尘密型	正压型	充油型	尘密型	正压型	IP65	IP54
变压器配电装置		○	○	—	○	—	—	—
		○	○	—	—	—	—	—
电动机	笼型	○	○	—	—	—	—	○
	电刷式	—	—	—	—	○	—	—
电器和仪表	固定式	○	○	○	—	—	○	—
	移动式	○	○	—	—	—	○	—
	携带式	○	—	—	—	—	○	—
照明灯具		○	—	—	—	—	○	—

150

火灾危险环境中电气设备选型

"火灾危险环境中电气设备选型见表6-9"。

表6-9 火灾危险环境中电气设备选型

电气设备类别		火灾危险环境级别		
		21 区	22 区	23 区
电机	固定安装	IP44	IP54	IP21
	移动或携带式	IP54		IP54
电器和仪表	固定安装	充油型、IP54、IP44	IP65	IP22
	移动或携带式			IP44
照明灯具	固定安装	保护型	防尘型	开启型
	移动或携带式	防尘型		保护型
配电装置		防尘型		保护型
接线盒				

防爆电气线路的确定

"刘师傅,设备选择之后,导线应该怎样敷设?"小张问道。

"在爆炸危险环境中,电气线路的安装位置、敷设方式、导线材质、导线与设备连接方法等的确定均应根据所处环境的危险等级确定。

气体、蒸气爆炸危险环境中的电气线路选择原则如下:

(1)电气线路敷设位置的确定。

1)应在距离爆炸危险源较远的位置敷设导线。例如,爆炸危险气体密度较空气密度小的时候,导线应敷设在高处,电缆应直接埋设在地下或在电缆沟里充沙埋设;反之爆炸危险气体密度小于空气密度时,导线尽量敷设在低处,电缆则适宜在电缆沟内敷设。

2)导线线路应该沿着有爆炸危险源建筑物的外墙敷设;导线线路尽量避开输送易燃气体或液体的管线敷设,当线路必须沿这些管线敷设时，首选是沿着危险程度较低的管线敷设。

3）所敷设的电力线路尽可能避开有机械振动，易造成损伤、污染、腐蚀及高温受热的地方，否则应采取合适地防护措施。

4）10kV 及以下电压等级的架空线路不得穿越爆炸危险环境，其架空电力线路距爆炸危险环境的距离不得小于 1.5 倍的线路杆塔高度。"

"刘师傅，设备导线敷设位置确定以后，需要用什么方式来敷设呢？"

"好，下面我们就讲讲电气线路敷设方式。

（2）电气线路敷设方式的确定。

1）在爆炸危险环境中敷设的电气设备线路主要以防爆钢管配线和电缆配线为主，但不得明敷绝缘导线。具体的敷设方式见表 6 - 10。

表 6 - 10 气体、蒸气爆炸危险环境的导线配线方式

配线种类	配线方式	爆炸危险环境区别	
		1 区	2 区
防爆钢管配线	明敷设	○♯	○
	暗敷设	△	△
电缆配线	直接埋设	△	△
	电缆沟敷设（充沙）	△	○
	电缆隧道敷设	△	△
	电缆桥架敷设	○	○

注 ○表示适用；△表示尽量避免采用；♯表示应注意防火。

2）对爆炸环境中敷设的电缆也是有规定的。固定敷设的电力电缆应使用铠装电缆；固定敷设的照明、通信、信号及控制电缆可使用铠装电缆，也可使用塑料护套电缆；非固定敷设的电缆应使用非燃性橡胶护套电缆；煤矿井下的高压电缆应采用铠装非滴流式电缆。

3）不同用途的电缆应该分开敷设，如采用了钢管配线，使用的钢管应该是专用镀锌钢管或经过防腐处理过的水管和煤气管。

4）钢管之间、钢管与其附件之间、钢管与电气设备之间的连接应采用螺纹连接，并且螺纹连接不少于 6 扣，同时要有防松动和防腐蚀措施。

5）敷设的电气线路线缆及管道在穿越爆炸环境等级不同区域之间的隔墙、楼板时，应采用非燃性材料严密堵塞。"

"在危险环境中所用的导线一定是铜芯导线吧?"小张接着问了一句。

"我正要讲这个问题，在危险环境中选用的导线不仅仅是要选用铜芯，还有其他的要求。

（3）敷设线路导线材质的确定。

1）爆炸危险环境等级 1 区范围内的电力线路应使用铜芯导线或电缆。

2）在有剧烈震动的场合应使用多股铜芯软线的线缆。

3）在爆炸危险环境中使用的线缆，一般采用交联聚乙烯、聚乙烯、聚氯乙烯或合成橡胶带护套的绝缘导线。同时线缆要具有耐热、阻燃和耐腐蚀的特点，不宜采用油浸纸绝缘电缆。

4）在爆炸危险环境中的低压电力、照明线路使用的线缆的额定电压不得低于 500V。线缆工作时零线与相线具有同样的截面和绝缘能力，并且要在同一护套内配线。"

刘师傅接着说："下面我们讲选用导线的载流量问题，以及导线的连接和导线截面的确定。

（4）敷设的线缆允许载流量。为避免爆炸危险环境中的线缆过载产生危险的温度升高，爆炸危险环境中的线缆允许载流量不应高于非爆炸危险环境中的允许载流量。1 区和 2 区绝缘线缆截面的允许载流量不得小于所接电气设备额定电流或保护整定电流的 1.25 倍。爆炸危险环境中 1000V 以上的线缆截面要按短路电流进行热稳定校验，其最小截面要满足下式要求

$$S_{\min} \geqslant \frac{I_{\infty}}{C} t_i$$

式中　$S_{\min}$——线缆最小截面，mm^2；

　　　I_{∞}——短路电流稳定值，A；

　　　C——线缆材质系数，铜芯电缆为 162，铜导体为 175，铝导体为 92；

　　　t_i——短路电流时间，s。

（5）敷设电气线缆的连接。

1）爆炸危险环境为 1 区和 2 区内的线缆不允许有中间接头。必须存在中间接头时，其接头必须在与该爆炸危险环境相适应的防护型接线盒内进行连接。1 区内的应该采用隔爆型接线盒，2 区内应采用增安型接线盒。

2）2 区内应避免铝芯导线与铜芯导线的连接，如果采用了铝芯导线与铜芯导线的连接，必须采用铜铝过渡连接头连接。

3）爆炸危险环境中线缆的连接应采用压接或焊接，不得采用缠绕或绑扎方式连接。

电气线路与电气设备之间的连接应符合表 6-11 的要求。

表 6-11　　　　　　　　电气线路与电气设备连接方式

引入型式		钢管配线工程	引入型式			移动式电缆
引入装置	密封方式		橡胶、塑料护套电缆	铅包电缆	铠装电缆	
压盘式、压紧螺母式	密封圈式	○	○	○	○	○
压盘式	浇封式	—	○	○	○	—

注　○表示适用。

（6）敷设线缆截面的确定。敷设线缆截面具体要求见表 6-12 和表 6-13。"

表 6-12　　　　　　　　气体爆炸危险环境电缆配线

类别	线缆明敷设或沟内敷设最小截面			接线盒	移动式电缆
	电力电缆	照明电缆	控制电缆		
1区	铠装、铜芯 2.5mm² 及以上	铠装、铜芯 2.5mm² 及以上	铠装、铜芯 2.5mm² 及以上	隔爆型	重型
2区	铠装、铜芯 1.5mm² 及以上；铠装、铝芯 4mm² 及以上	非铠装、铜芯 1.5mm² 及以上；铝芯 4mm² 及以上	非铠装、铜芯 1.5mm² 及以上	隔爆型、增安型、防尘型	中型

表 6-13　　　　　　　　气体爆炸危险环境钢管配线

类别	钢管明敷线路绝缘导线最小截面			接线盒与分支线盒	钢管连接要求
	电力电缆	照明电缆	控制电缆		
1区	铜芯 2.5mm² 及以上	铜芯 2.5mm² 及以上	铜芯 2.5mm² 及以上	隔爆型	直径 25mm 以下钢管，螺纹啮合不少于 5 扣，并有锁紧螺母；直径 32mm 及以上不少于 6 扣
2区	铜芯 1.5mm² 及以上；铝芯 4mm² 及以上	铜 1.5mm² 及以上或铝芯 4mm² 及以上	铜芯 1.5mm² 及以上	隔爆型、增安型、防尘型	直径 25mm 以下钢管，螺纹啮合不少于 5 扣；直径 32mm 及以上不少于 6 扣

 粉尘、纤维爆炸危险环境中的电气线路选择

　　"刘师傅，在粉尘、纤维爆炸环境中，电气设备导线的选用是不是与气体爆炸环境中一样？"

　　"粉尘、纤维爆炸危险环境中的电气线路的技术要求，与同等级的气体、蒸气爆炸危险环境中的电气线路技术要求基本一样，也就是说粉尘、纤维爆炸危险环境的 10 区、11 区分别对应气体、蒸气爆炸危险环境中1区和2区来考虑。

粉尘、纤维爆炸危险环境中的电气线路的选型应符合表6-14的要求，粉尘、纤维爆炸危险环境中的电气线路配线技术要求应符合表6-15的要求。

表6-14   粉尘、纤维爆炸危险环境中的电气线路选型

线路敷设方式		区域危险等级	
		10区	11区
本安型电气设备配线		○	○
低压镀锌钢管配线		×	○
电缆配线	低压电缆	×	○
	高压电缆	×	○

注　○表示适用；×表示不适用。

表6-15   粉尘、纤维爆炸危险环境中的电气配线技术要求选型

类别	电缆最小截面	接线盒	移动式电缆
10区	铠装、铜芯 2.5mm^2 及以上	隔爆型	重型
11区	铠装铜芯 1.5mm^2 及以上；铠装铝芯 2.5mm^2 以上	隔爆型、增安型、防尘型	中型

上面讲的这几种环境中电气设备及导线的选用、连接及敷设方式对在危险环境中的安全生产至关重要，希望你们都能掌握。"

第七章

雷电与静电

第一节　雷电的种类及危害

"下面我们讲雷电的危害和防护"。

"刘师傅，您所说的雷电是不是我们在阴雨天经常遇到的打雷呀。"

"对，就是我们平时遇到的打雷和闪电，其实雷电是自然界的放电现象。带有电荷的雷云与地面的突起物接近时，它们之间就发生激烈的放电。由于雷云电压高、电量多，并且放电时间很短，放电电流大，因而雷击电能很大，能把附近空气加热至2000℃以上。空气受热急剧膨胀，产生爆炸冲击波并以5000m/s的速度在空气中传播，最后衰减为音波。在雷电放电地点会出现强烈的闪光和爆炸的轰鸣声，这就是人们见到和听到的电闪雷鸣。"

"以前就听说打雷和闪电有破坏作用，但是不知道是怎么回事。"小张好奇地说了一句。

"雷电所产生的声和光对人与建筑物并无破坏作用，而伴随其同时出现的强大的雷电流是主要的破坏源。这种雷电流的破坏效应有两种，即热的破坏与机械的破坏。在热的破坏方面，由于雷电流产生大量热的过程时间很短，热量不易散失，因此，如遭雷击，附近有易着火的物件时，就往往造成火灾，危害极大。在机械的破坏方面，受雷击物件的导电能力越小，所受的机械破坏作用越大。当雷电击中树木、木电杆时，其机械的破坏作用尤为显著，这是由于雷电通路的高温引起木材纤维内湿气的爆发性蒸发而造成劈裂。比较而言，热的破坏比机械的破坏危害结果更为严重。"

 雷击事故的特点和雷击对象

"下面我们还是先看看雷击事故的特点及其雷击对象吧。"刘师傅接着说道。

"雷击事故的特点如下：

（1）放电时间短，一般为 $50\sim100\mu s$。

（2）冲击电流大，其电流可高达几万安到几十万安。

（3）冲击电压高，强大的电流产生的交变磁场，其感应电压可高达万伏。

（4）释放热能大，瞬间能使局部空气温度升高至数千摄氏度以上。

（5）产生冲击压力大，空气的压强可高达几十个大气压，因此，雷击极具压力。"

"刘师傅，那下雨天打雷了，我们在露天都容易遭雷电吗？"

"也不一定，雷击也有它的特点。雷击'喜爱'在尖端放电，所以在雷雨交加时，人在旷野上行走，或扛着带铁的金属农具，或骑在摩托车上，或恰恰举起高尔夫球杆、或在大树下躲雨，人或物体容易成为放电的对象而招来雷击。建筑物的顶端或棱角处，也很容易遭受雷击，此外，金属物体和管线可能成为雷击的最好通路。

我们还应该了解一些易遭受雷击的地点和物体。

（1）水面和水陆交界地区以及特别潮湿的地带，如河床、盐场、苇塘、湖沼、低洼地区和地下水高的地方。

（2）土壤电阻率较小的地方，如有金属矿床的地区、河岸、地下水出口处和金属管线集中的交叉地点、铁路集中的枢纽、铁路终端和高架输线路的拐角处。

（3）土壤中电阻率不连续的地点，如岩石和土壤的交界处、岩石断层处、较大的岩石裂缝、露出地面的岩层、河沿，以及埋藏的管道的地面出口处等。

（4）地势较高的旷野地区。

（5）高耸突出的建筑物，如水塔、电视塔、高耸的广告牌等。

（6）排出导电尘埃、废气热气柱的厂房、管道等。

（7）内部有大量金属设备的厂房。

（8）孤立、突出在旷野的建筑物以及自然界中的树木。

（9）电视机天线和屋顶上的各种金属突出物、旗杆等。

（10）建筑物屋面的突出部位和物体，如烟囱、管道、太阳能热水器、还有屋脊和檐角等。"

 雷电的类型及危害

"下面我再讲雷电的分类及其危害。

1. 直接雷击

直接雷击就是带有电荷的雷云与电气设备、电力线路或建筑物直接放电，来自大气中的雷电会在这些设备中流过强大的雷电流，从而产生破坏力极大的热效应和机械力效应。

2. 反向雷击

反向雷击就是雷云对电力架空线路的杆塔或杆塔顶部的避雷线以及电气设备金属构架放电，雷电流流经杆塔或构架流入大地，必然会在杆塔或构架的电阻上产生很高的电压，使得原本是地电位的杆塔或构架出现很高电位，这个高电位就会作用在线路的绝缘子或电气设备的绝缘件上，当这个地电位升高的电压足以击穿线路或电气设备绝缘造成线路导线或电气设备与大地形成放电时，这种现象就叫做雷电反向雷击。

3. 雷电感应雷击

雷电感应雷击就是当电力线路的上方出现带有电荷的雷云时，就会在线路上感应并聚集出大量与雷云电荷相反的异性电荷，如果这个雷云逐渐飘走，线路上感应的电荷也会逐渐消失，不会给线路带来什么危害，但是当雷云对线路附近的物体或其他雷云放电，雷云的电荷突然消失时，在线路上感应出并被雷云电

159

荷束缚的异性电荷也就转为自由电荷，这个失去束缚的自由电荷也必然会瞬时沿线路向线路两侧泄放，形成电位很高的过电压。架空线路上的感应雷云放电如图7-1所示。

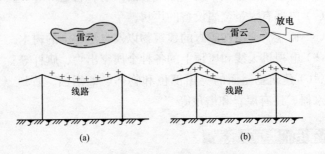

图7-1　架空线路上的感应雷云放电

(a)雷云在线路感应出电荷；(b)雷云消失后的线路电荷

4. 雷电侵入波

当电力线路上出现直击雷或感应雷过电压时，在电力线路上就会形成迅速流动的电荷，我们称它为雷电进行波。雷电进行波会对连接在电力线路上的电气设备构成很大的威胁，所以我们也称雷电进行波为雷电侵入波。

雷电侵入波有个特点，就是它在沿线路前进的过程中一旦遇到线路的中断处，例如分闸状态的线路开关，或者变压器绕组星形连接的中性点，则会产生波的全反射，就像碰到墙壁的球一样反弹回来，这个反射波与侵入波在线路或电气设备上叠加在一起，造成过电压在数值上成倍增加，极易造成设备绝缘击穿。"

第二节　雷电的防护

"刘师傅，雷电有这么多的危害，我们应该怎么样来防护？"

刘师傅接着说："遇到雷雨天气时，千万不要惊慌失措。一般来说，应掌握两条原则：①要远离可能遭受雷击的物体和场所；②在室外时设法避免雷电直击，特别是随身携带的物品不要成为雷击的'爱物'。按照多年的实际经验，学会'六字口诀'，就可能避免或减少遭受雷击的伤害。"

小张一听到"六字口诀"，就迫不得已问道："刘师傅，哪'六字口诀'，快给我们说说。"

刘师傅不紧不慢地说："别急，我这就讲给你们。

（1）学：要学习和掌握有关雷击的知识及防雷常识。

（2）听：通过各种媒体渠道，如电视、广播、报纸、天气报警显示、手机短信等，及时收听（收看）各级气象部门发布的雷电预报和预警信息，但一定不要听信其他的小道消息。

（3）观：密切注意观察天气雷云的变化情况，一旦发现某种异常的现象，要立即采取防雷避险措施。

（4）断：一旦发生雷电事故，首先要切断可能导致次生灾害的电、煤气、水等次生灾源。

（5）救：预先必须学会的一些救助技能，组织大家自救和互救，尤其对受雷击严重者要进行及时抢救。

（6）保：除了个人保护外，还应利用社会防灾保险，以减少个人和单位的经济损失。"

"刘师傅，针对雷电危害的类型，我们具体要做哪些措施?"

"刚才讲到的各种雷电电击的形式不同，我们防护的措施也不一样，我们先看看对雷电直击的防护"。

 预防直击雷

"为了防止雷电直接对电气设备或线路放电，一般变电站（所）都采用避雷针，而线路则采用避雷线（也叫架空地线），高大的建筑物上设立避雷网、避雷带等。

避雷针、避雷线、避雷网及避雷带实际上是起引雷作用，它安装的高度远比变电站的电气设备高，当有雷云放电时，它可以将雷云的放电通道引到避雷针本身，并通过本身的引下线和接地装置将雷电流泄放到大地中，从而避免了变电站被保护的设备遭

受雷电危害。"

"刘师傅,这个我知道,咱们厂变电站就有避雷针,不都是事先设计、安装好的嘛。"

"对!避雷针的位置与高度是事先设计、安装好的,对于我们这些企业的电工来说,如果根据生产发展需要,在原有设备的基础上,我们自己又安装或建筑了新的设备及生产厂房,那么这些新的设备或厂房是否能受到原有避雷针的保护呢?这需要我们掌握的是:避雷针的保护范围有多大。确定避雷针的保护范围采用的方法有两种,一种是折线法,另一种是滚球法。对避雷针和避雷线都是按折线法来确定其保护范围的,所以我们先看看避雷针和避雷线用折线法是如何确定保护范围。"

1. 单支避雷针的保护范围

如图 7-2 所示,我们假设避雷针高度为 h,先在距地面 $h/2$ 处画一水平线,再从避雷针根部往两侧各 $1.5h$ 处分别取两点 c、d,然后从避雷针顶尖往两侧各 $45°$ 画两条线分别交与水平线上 a、b 两点,再从 a、b 两点用直线分别连接 ac 和 bd,我们得到一伞状折线图形,这图形围绕避雷针旋转一周,它所包含的范围就是此避雷针的保护范围。"

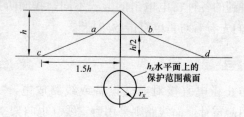

图 7-2 单支避雷针保护范围

"刘师傅,这个图比较好画,但是我们怎么知道电气设备能否受到保护呢?"

"我们假设需要被避雷针保护的电气设备或某建筑物的高度为 h_x,在 h_x 水平面上的保护半径 r_x 按下面的公式计算确定(也就是说被保护设备的高度是 h_x，它距避雷针的距离不能超出在这个高度处以 r_x 为半径的圆）：

当 $h_x \geqslant h/2$ 时（也就是被保护物的高度超过避雷针的 1/2 高度）

$$r_x = (h - h_x) P \tag{7-1}$$

当 $h_x < h/2$ 时（也就是被保护物的高度低于避雷针的 1/2 高度）

$$r_x = (1.5h - 2h_x) P \tag{7-2}$$

式中　h——避雷针高度，m；

　　　h_x——被保护物高度，m；

　　　r_x——避雷针在 h_x 水平面上的保护半径，m；

　　　P——避雷针高度系数，$h \leqslant 30\text{m}$ 时 $P=1$，$h>30\text{m}$ 时 $P=$

　　　$\dfrac{5.5}{\sqrt{h}}$，$h>120\text{m}$ 时，无论避雷针高度多少，h 只取 120m。

我们从避雷针高度系数 $P=\dfrac{5.5}{\sqrt{h}}$ 中可以看出，这里的 P 是一个小于 1 的数，也就是说，当避雷针的高度 $h=30\text{m}$、$P=1$ 时，避雷针保护范围最大。

为了让你们更好地理解这个避雷针的保护范围，我举个例题。"

刘师傅说着，在黑板上写了一道例题：

某变电站有一避雷针，高度为 20m，电工师傅准备搭建一个检修室，具体尺寸如图 7-3 所示，避雷针能否保护新的检修室？

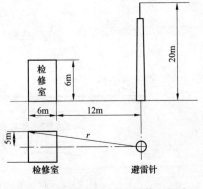

图 7-3　例题中避雷针与检修室尺寸

"根据已知条件，我们选用式 (7-2)，先看看避雷针在 6m 高度的保护半径是多少，即

$$r_x = (1.5h - 2h_x)P = (30-12) \times 1 = 18(\text{m})$$

我们再看看检修室最远一角距避雷针的水平距离

$$r=\sqrt{(12+6)^2+5^2}=18.7\,(\text{m})>r_x$$

通过计算，我们可以知道原定的检修室位置已经超出了避雷针的保护范围。"

小张连忙问："那应该怎么办呢？"

"我们从图 7 - 2 中可以看出避雷针的保护范围是一个伞形，也就是说，要想检修室得到避雷针的保护，办法有两个：一个是降低检修室高度，这样避雷针的保护距离也就大了；再一个如果检修室高度不变，那就需要改变检修室的位置了，将检修室的位置距避雷针近一些。具体采用哪种方式，就要根据现场实际情况来决定了。"

小张这时说："刘师傅，咱们厂的变电站是两个避雷针，那保护范围应该怎么确定？"

"这个问题问得好。下面我们再看看，两支避雷针的保护范围。"

2. 两支避雷针的保护范围

"两支等高的避雷针高度均为 h，那么它们的保护范围如图 7 - 4 所示。

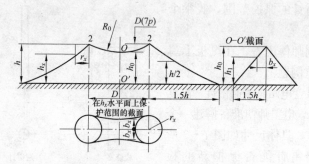

图 7 - 4　两支等高避雷针保护范围

两支避雷针共同的保护范围按下面的原则确定：

（1）两避雷针各自外侧的保护范围应按单支避雷针保护范围计算方式确定。

164

（2）两避雷针之间的保护范围上部是一圆弧，圆弧的半径由两避雷针顶点及两避雷针中点 h_0 的高度顶点 O 点确定。其中 h_0 的高度按下式计算

$$h_0 = h - \frac{D}{7P} \qquad (7-3)$$

式中　h_0——两避雷针之间保护范围上部最低点距地面的高度，m；

　　　D——两避雷针之间的距离，m；

　　　P——避雷针高度系数，见式（7-2）、式（7-3）；

　　　h——避雷针高度，m。

两避雷针间 h_x 水平面一侧的保护宽度 b_x 按下式确定

$$b_x = 1.5(h_0 - h_x) \qquad (7-4)$$

对于雷电感应雷击，为了防止静电感应产生的高压电击，应将高大建筑物外部的金属设备、金属管道结构钢筋等予以接地。另外，建筑物屋顶也应设置避雷网并妥善接地：对于钢筋混凝土屋顶，应将屋面钢筋网络连成通路，并予以接地；对于非金属屋顶，应在屋顶加装金属网络，并予以接地。为防止电磁感应，平行管道相距不到 0.1m 时，每 20～30m 须用金属线跨接；交叉管道相距不到 0.1m 时，也应用金属线跨接。管道与金属设备之间距离小于 0.1m 时，也应用金属线跨接。其接地装置也可以与其他装置共用。"

对于雷电侵入波的防护

"为了防止雷电侵入波沿低电压线路进入室内，低压线路最好采用地下电缆供电，并将电缆的金属外皮接地。采用架空线供电时，在进户外装设一组低压阀型避雷器或 2～3mm 的保护间隙，并与绝缘子铁脚一起接地。接地装置可以与电气设备的接地装置并用，低压配电系统的零线重复接地时，接地电阻不大于 10Ω；当重复接地有 3 处以上时，接地电阻应小于 30Ω。阀型避

雷器的间隙保持绝缘状态,不影响系统的运行,当因雷击有高压冲击波顺线路袭来时,避雷器间隙击穿而接地,从而强行切断冲击波,这时进入被保护物的电压仅雷击流通过避雷器及其引线和接地装置产生的残压。雷击流通过以后避雷器间隙又恢复绝缘状态,以便系统正常运行。"

"刘师傅,避雷器是怎样避雷的?"

"目前我们现场经常使用的避雷器主要有普通阀型避雷器和金属氧化锌避雷器。

1. 阀型避雷器

阀型避雷器是由若干个火花间隙和阀型电阻片组成,装在密封的瓷套管内。每个火花间隙是由上下两片冲压成型的黄铜电极和中间的 0.5～1mm 厚云母片组成,如图 7-5 所示。而阀型电阻片是用金刚砂烧制的,它的电阻具有非线性特性,在正常的额定电压下其电阻值很大,而在过电压下其电阻值变得很小。因此接于电力系统运行的阀型避雷器在系统出现雷电过电压时,其火花间隙被过电压击穿,阀型电阻片呈低阻状态,使得雷电流顺畅地泄向大地,因而保护了与其并联的电气设备。当雷电过电压消失后,阀型电阻片又呈现很高的电阻值,电力系统恢复正常额定电压。

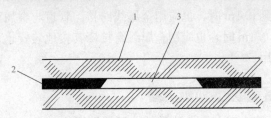

图 7-5　单个平行板型火花间隙
1—黄铜电极；2—云母片；3—火花间隙

我们要注意的是:雷电流流过阀型电阻片时,在电阻片上会形成电压降,我们称它为避雷器的残压,这个残压被加在了被保护的设备上。所以我们要选择合适的避雷器,使残压不超过被保护设备的绝缘水平，否则设备的绝缘将会被避雷器残压击穿。

阀型避雷器按其结构特征和残压水平分为 FZ 型和 FS 型两种。FZ 型避雷器的火花间隙旁边并联有均压电阻，其残压要低一些，避雷保护效果要好一些，所以 FZ 型避雷器主要配置在变电站和发电厂的电气设备上使用；FS 型避雷器火花间隙旁没有并联电阻，因此性能不如 FZ 型避雷器，一般只配置在配电线路和配电变压器上使用。普通阀型避雷器的火花间隙是自然熄灭电弧的，所以电阻片的热容量比较小，不能承受内部过电压较长时间的电流作用，所以普通阀型避雷器只适合做大气过电压的保护用。

另外如果在阀型避雷器内部加装了磁吹装置，就组成了磁吹阀型避雷器，由于磁吹避雷器的火花间隙的电弧是在磁吹装置的作用下熄灭的，所以磁吹避雷器的灭弧性能好，残压较低，具有比较好的保护性能，常用来做内部过电压的防护。

2. 金属氧化物避雷器

氧化锌避雷器是 20 世纪 70 年代发展起来的一种新型避雷器，它主要由氧化锌压敏电阻构成。每一块压敏电阻从制成时就具有一定开关电压（叫压敏电压），在正常的工作电压下（即小于压敏电压）压敏电阻值很大，相当于绝缘状态，但在冲击电压作用下（大于压敏电压），压敏电阻呈低值被击穿，相当于短路状态。然而压敏电阻被击穿后，是可以恢复绝缘状态的；当高于压敏电压的电压撤消后，它又恢复了高阻状态。因此，如在电力线上安装氧化锌避雷器，当雷击时，雷电波的高电压使压敏电阻击穿，雷电流通过压敏电阻流入大地，可以将电源线上的电压控制在安全范围内，从而保护了电气设备的安全。

氧化锌避雷器具有比普通阀型避雷器更优异的保护特性，目前已得到广泛使用，是普通阀型避雷器的更新换代产品。"

"刘师傅，既然氧化锌避雷器有这么多的优点，现在还广泛地使用，就多介绍一些这方面的内容吧。"

"氧化锌避雷器有下面几种分类方法：

（1）按氧化锌避雷器电压等级分。氧化锌避雷器按额定电压值来分类，可分为三类。

1）高压类。其指系统电压在 66kV 以上等级的所使用的氧化锌避雷器系列产品，大致可划分为 1000、750、500、330、220、110、66kV 七个等级。

2）中压类。其指系统电压在 3～66kV（不包括 66kV）范围内所使用的氧化锌避雷器系列产品，大致可划分为 3、6、10、35kV 四个电压等级。

3）低压类。其指系统电压在 3kV 以下（不包括 3kV）所使用的氧化锌避雷器系列产品，大致可划分为 1、0.5、0.38、0.22kV 四个电压等级。

（2）按标称放电电流分。氧化锌避雷器按标称放电电流可划分为 20、10、5、2.5、1.5kA 五类。"

"刘师傅，这里说的标称放电电流是什么？"

"避雷器标称放电电流指避雷器能够持续承受通过而不损坏的雷电流幅值，最大放电电流指避雷器能够短暂时间承受的雷电流幅值，时间过长则会损坏。

发、变电站有很多电气设备，因此发、变电站防雷的重要性比线路的重要性大。如果说 10kV 线路不需要采取避雷线的防雷措施，那么对于 10kV 的变电站却需要避雷针、避雷线和避雷器三者俱全。

发、变电站如果不装避雷针，则在一般地区几十年会落雷一次，如果装了避雷针或避雷线，运行经验证明，则几百年才会遭受一次雷击。但是，变电站更频繁遭受的是从线路上传过来的雷电波。例如 110kV 的线路，一般使用 7 片瓷绝缘子，它的绝缘水平只能耐受 700kV 的冲击电压，当线路上的雷电波电压高于 700kV 时，就会对绝缘子造成闪络，于是就有 700kV 的冲击波传到变电站来，又由于经济上的原因，电气设备的绝缘水平通常低于线路的绝缘水平，例如，110kV 的变压器只能耐受 480kV

冲击电压，现在传来的雷电波有 700kV，变压器必坏无疑，所以发、变电站中所有的电力设备均应当受到避雷器的保护。但光靠避雷器也是不行的，由于受到氧化锌材料和制造水平的限制，氧化锌阀片一般只能通过 20kA 以下的雷电流，绝大多数的氧化锌阀片只能通过 5kA 的雷电流，而我们知道，在我国，60％以上的雷电流超过 20kA，80％以上的雷电流超过 10kA，所以人们必须还要想其他办法来把袭入线路的雷电流限制在 20kA 或 10kA 甚至 5kA 以下，然后再让这些过滤下来的雷电流通过避雷器，这个电流就是避雷器的标称放电电流。我国规定：避雷器的标称放电电流按不同的电压等级分别为 20、10、5、3、1kA 五级，即氧化锌阀片在这个电流下可以可靠地工作而本身不会损坏。为何叫标称，是因为通过其他的防雷措施，实际流过避雷器的雷电流要小于上述数值。例如 110kV 的氧化锌避雷器，流过避雷器的雷电流仅为 4kA 左右，而相应的避雷器的标称放电电流为 10kA。"

"刘师傅，这回我明白什么是避雷器的标称放电电流了，那氧化锌避雷器还有其他分类吗？"

"氧化锌避雷器除了刚才讲的分类外还有下面几种分类方式：

氧化锌避雷器按用途可划分为输电线路系统专用型、变电系统变电站专用型、配电系统专用型、并联补偿电容器组保护专用型、电气化铁道专用型、电动机及电动机中性点专用型、变压器中性点专用型七类。

氧化锌避雷器按结构可划分为瓷外套氧化锌避雷器（见图 7-6）和复合外套氧化锌避雷器（见图 7-7）两大类：瓷外套氧化锌避雷器按外套耐污秽性能分为四个等级，Ⅰ级为普通型、Ⅱ级为用于中等污秽地区（爬电比距 20mm/kV）、Ⅲ级为用于重污秽地区（爬电比距 25mm/kV）、Ⅳ级为

图 7-6 瓷外套氧化锌避雷器

用于特重污秽地区（爬电比距 31mm/kV）。

图 7-7　复合外套氧化锌避雷器

复合外套氧化锌避雷器是用复合硅橡胶材料做外套，并选用高性能的氧化锌电阻片，内部采用特殊结构，用先进工艺方法装配而成，具有硅橡胶材料和氧化锌电阻片的双重优点，该系列产品除具有瓷外套氧化锌避雷器的一切优点外，另具有绝缘性能好、耐污秽性能高、防爆性能良好及体积小、质量轻、平时不需维护、不易破损、密封可靠、耐老化性能优良等优点。

氧化锌避雷器按内部结构有无放电间隙可分为无间隙（W）、带串联间隙（C）、带并联间隙（B）三类。金属氧化物避雷器的型号表示如图 7-8 所示。

一般情况下避雷器的选型都是预先设计好，为了让你们了解更多一些知识，我也讲讲有关避雷器的选型。

首先在选择上应注意避雷器的使用场所。场所不同，对避雷器的性能要求也有所不同，所以选用的避雷器的型号也不同。

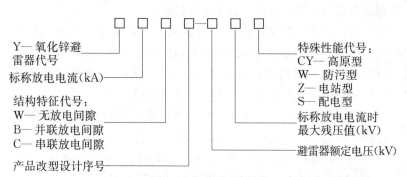

Y— 氧化锌避雷器代号

标称放电电流(kA)

结构特征代号：
W— 无放电间隙
B— 并联放电间隙
C— 串联放电间隙

产品改型设计序号

特殊性能代号：
CY— 高原型
W— 防污型
Z— 电站型
S— 配电型

标称放电电流时最大残压值(kV)

避雷器额定电压(kV)

图7-8 避雷器型号

保护相应电压等级的箱式变压器、电缆头等有关配电设备免受大气和操作过电压损坏，宜选择配电型金属氧化物避雷器。

保护发电厂、变电站中交流电气设备开关柜、变压器、免受大气过电压和操作过电压的损坏，可选择电站型。

为限制真空断路器或少油断路器投切旋转电机时产生的过电压，保护旋转电机免受操作过电压的损坏，可选择电机型。"

如果是我们自己安装，安装时要注意这么几点：

（1）安装前一定看避雷器的铭牌，核查要安装的避雷器系统额定电压应与安装点的系统电压符合。

（2）避雷器固定在支架上，其上端子与系统的线路或设备引线相连接，下端子要可靠接地。

（3）不允许将避雷器作为承力支持绝缘子使用，同时应尽量靠近被保护设备安装，以减小安装距离过远影响保护效果。

（4）线路终端的避雷器宜安装在跌落式熔断器之后，以利于开断跌落式熔断器时对它也起保护作用，变压器低压侧应装低压避雷器，以防止反向雷电侵入波引起的过电压损坏变压器。

（5）避雷器应注意使用地点的环境温度，金属氧化物避雷器应避免安装在有振动或严重污秽的地方及有严重腐蚀气体的场所。

（6）合成金属氧化物避雷器投入运行前和每运行满两年后，

都应申请当地的供电部门做预防性试验。

（7）金属氧化物避雷器采用黄铜双层底盖密封，投入运行后，每隔 5 年应申请当地的供电部门做预防性试验，测量泄漏电流时，在避雷器两侧应施加 10kV 直流电压（交流脉动不大于 ±1.5％），要求泄漏电流符合其产品规定值。

（8）变配电站母线上 FZ 型的阀型避雷器的接地，$R \leqslant 4\Omega$。线路出线端 FS 型的阀型避雷器的接地、管型避雷器的接地、独立避雷针接地（个别可取 $R \leqslant 30\Omega$）、烟囱的防雷保护接地，$R \leqslant 30\Omega$（包括水塔或料仓的防雷接地均同此项要求）等。"

"刘师傅，刚才您讲了避雷器的选用和安装，那我们在日常工作中对避雷器的运行维护要注意什么？"

"在日常运行中，首先应检查避雷器的瓷套表面的污染状况，因为当瓷套表面受到严重污染时，将使电压分布很不均匀。在有并联分路电阻的避雷器中，当其中一个元件的电压分布增大时，通过其并联电阻中的电流将显著增大，则可能烧坏并联电阻而引起故障。此外，也可能影响阀型避雷器的灭弧性能。特别是如果户外避雷器的表面污染严重时，再遇雾气天气或小雨时，就很容易发生污闪事故。因此，当避雷器瓷套表面严重污秽时，必须及时清扫。

同时要检查避雷器的引线及接地引下线有无烧伤痕迹和断股现象，以及放电记录器是否动作，通过这方面的检查，最容易发现避雷器的隐形缺陷。

还要检查避雷器上端引线处密封是否良好，避雷器密封不良会进水受潮，易引起事故，因而应检查瓷套与法兰连接处的水泥接合缝是否严密，对 10kV 阀型避雷器上引线处可加装防水罩，以防雨水渗入。

检查避雷器与被保护电气设备之间的电气距离是否符合要求。避雷器应尽量靠近被保护的电气设备，避雷器在雷雨后应检查记录器的动作情况。放电记录器动作次数过多时，应进行检修。

瓷套及水泥接合处有裂纹、法兰盘和橡皮垫有脱落时，应进行检修。

避雷器的绝缘电阻应定期进行检查。测量时应用 2500V 绝缘电阻表，测得的数值与以前一次的结果比较，无明显变化时可继续投入运行。绝缘电阻显著下降时，一般是由密封不良而受潮或火花间隙短路所引起的，当低于合格值时，应做特性试验。绝缘电阻显著升高时，一般是由于内部并联电阻接触不良或断裂以及弹簧松弛和内部元件分离等造成的。

为了能及时发现阀型避雷器内部隐形缺陷，应在每年雷雨季节之前进行一次预防性试验，以免造成不必要的损害。"

个人的雷电防护

"刘师傅，刚才关于变电站和线路以及避雷器的知识讲了许多，那我们个人如何来防护雷电和雷击？"

"我们个人防护雷电和雷击可以分为户外及户内两个方面。

（1）户外防护雷电、雷击。

1）遇到突然的雷雨，在空旷的地方可以蹲下，降低自己的高度，同时将双脚并拢，以减少跨步电压带来的危害。因为雷击落地时，会沿着地表逐渐向四周逐渐释放能量。此时，行走过程中人的前脚和后脚之间就可能因电位差不同，而在两步间产生一定的电压。

2）无论什么情况一定不要在大树底下避雨。雨后，大树潮湿的枝干相当于一个引雷装置，如果用手扶大树，就和用手扶避雷针危害一样大，因此在打雷时最好离大树 5m 远。

3）不要在水体边（江、河、湖、海、塘、渠等）、洼地停留，要迅速到附近干燥的住房中去避雨，山区找不到房子，可以到山岩下或者山洞中避雨。

4）不要拿着金属物品在雷雨中停留。金属物品属于导电物质，在雷雨天气中有时会有引雷的作用。随身所带的金属物品，应该暂时放在 5m 以外的地方，等雷击活动停止后再拾回。

5）不要触摸或者靠近防雷接地线，自来水管、用电器的接地线，以及大树树干等可能因雷击而带电的物体，以防接触电压、接触雷击或者旁侧闪击。

6）雷暴天气出门时，在户外最好不要接听和拨打手机，因为手机的电磁波也会引雷。

7）雷暴天气出门，最好穿胶鞋，这样可以起到绝缘的作用。

8）雷暴天气切勿站立于山顶、楼顶上或接近其他导电性强的物体。

9）雷暴天气切勿游泳或从事其他水上运动，以及进行室外球类运动，应离开水面和空旷场地，寻找地方躲避。

10）在旷野无法躲入有防雷设施的建筑物内时，应远离树木和桅杆。

11）在空旷场地不宜打伞，不宜把羽毛球拍、高尔夫球棍等扛在肩上。

12）不宜开摩托车、骑自行车赶路，打雷时切忌狂奔。

13）油罐车防雷，可以在油车后面拖一条铁链。

14）人乘坐在车内一般不会遭遇雷击袭击，因为汽车是一个封闭的金属体，具有很好的防雷功能。乘车遭遇打雷时，千万不要将头、手伸出车外。

15）为了防止反击事故和跨步电压伤人，要远离建筑物的避雷针及其接地引下线。

16）要远离各种天线、电线杆、高塔、烟囱、旗杆，如有条件应进入有宽大金属构架、有防雷设施的建筑物或金属壳的汽车和船只，但是帆布篷车和拖拉机、摩托车等在雷击发生时是比较危险的，应尽快离开。

17）应尽量离开山丘、海滨、河边、池旁等。

18）雷雨天气尽量不要在旷野里行车，如果有急事需要赶路时，要穿塑料等不浸水的雨衣；要走得慢些，步子小点；不要骑在牲畜或自行车上。人在遭受雷击前，会突然有头发竖起或皮肤颤动的感觉，这时应该立刻倒在地上，或选择低洼处蹲下，双脚并拢，双臂抱膝，头部下俯，尽量缩小暴露面即可。

19）作为一个企业的电工，雷雨天气禁止进行室外设备的操作。

（2）雷雨天气户内防止雷电雷击。

1）打雷时，首先要做的就是关好门窗，防止雷击直击室内或者防止球形雷飘进室内。

2）在室内也要离开进户的金属水管和与屋顶相连的下水管等。

3）雷雨天气时，人体最好离开可能传来雷击侵入波的线路和设备 1.5m 以上。也就是说，尽量不要拨打、接听电话，或使用电话上网，应拔掉电源和电话线及电视天线等可能将雷击引入的金属导线。稳妥科学的办法是在电源线上安装避雷器并做好接地。

4）房屋无防雷装置的，在室内最好不要使用任何家用电器，包括电视机、收音机、计算机、有线电话、洗衣机、微波炉等，最好拔掉所有的电源插头。

5）电视机的室外天线在雷雨天要与电视机脱离，而与接地线连接。

6）保持屋内干燥，房子漏雨时，应该及时修理好。

7）进户电源线的绝缘子铁脚应做接地处理，三相插座应连好接地线。

8）晾晒衣服、被褥等用的铁丝不要拉到窗户、门口，以防铁丝引雷事件发生。

9）不要在孤立的凉亭、草棚和房屋中避雨久留，注意避开电线，不要站在灯泡下，最好是断电或不使用电器。

10）不要穿潮湿的衣服，不要靠近潮湿的墙壁。

11）不要靠近室内的金属设备如暖气片、自来水管、下水管等。

12）要尽量离开电源线、电话线、广播线，以防止这些线路和设备对人体的二次放电。

13）在雷雨天气不要使用太阳能热水器洗澡。

14）我们在巡视设备时要与避雷器、避雷针的引下线保持安全距离，户外是8m，户内是4m。"

"刘师傅，假如一旦有人让雷电电击了，应该怎样抢救？"

 雷击灼伤的急救处理

"雷击人体时的电流热效应可引起人体灼伤。不过，电灼伤与一般烧伤不同，会同时伴有电休克，如神志丧失、头晕、恶心、心悸、耳鸣、乏力等现象出现，重者可发生呼吸、心跳骤停，还有雷击后较迟出现的白内障及神经系统的损伤等。

如果遭受雷击者衣服着火，可往身上泼水，或用厚外衣、毯子将身体裹住以扑灭火焰。着火者切勿惊慌奔跑，可在地上翻滚以扑灭火焰，或趴在有水的洼地、池中熄灭火焰。注意观察遭受雷击者有无意识丧失和呼吸、心跳骤停现象，先进行心肺复苏抢救，再处理电灼伤创面。

电灼伤创面的处理：用冷水冷却伤处，然后盖上敷料，例如，把清洁手帕盖在伤口上，再用干净布块包扎。若无敷料可用清洁床单、被单、衣服等将伤者包裹后转送医院，如当地无条件治疗需要转送伤者，应掌握运送时机，要求伤者呼吸道畅通，无活动性出血，休克基本得到控制，转运途中要输液，并采取抗休克措施，且注意减少途中颠簸。

受伤者被雷击的电灼伤只是表面现象，最危险的是对心脏和呼吸系统的伤害。通常被雷击中的受伤者，会发生心脏突然停跳、呼吸突然停止的现象，这可能是一种雷击'假死'的现象。要立即组织现场抢救，使受伤者平躺在地，进行口对口的人工呼吸，同时要做心外按摩。如果不及时抢救，受伤者就会因缺氧死亡。另外要立即呼叫急救中心，由专业人员对受伤者进行有效的处置和抢救。"

第三节　静电的危害与防护

"刘师傅，我一看您的题目就有点茫然。首先什么是静电，是不是我们冬天脱毛衣时的静电，它还能有什么危害？"

"对，冬天脱毛衣时是容易出现静电，它是静电的一种现象，那我们先认识一下什么是静电。"

 静电的认识

"静电就是一种处于静止状态的电荷或者说不流动的电荷（流动的电荷就形成了电流）。当电荷聚集在某个物体上或表面时就形成了静电，而电荷分为正电荷和负电荷两种，也就是说静电现象也分为两种，即正静电和负静电。当正电荷聚集在某个物体上时就形成了正静电，当负电荷聚集在某个物体上时就形成了负静电，但无论是正静电还是负静电，当带静电物体接触零电位物体（接地物体）或与其有电位差的物体时都会发生电荷转移，你提到的冬天脱毛衣时出现的静电现象，就是我们日常见到火花放电现象。静电也是由物体间的相互摩擦或感应而产生的，甚至在我们生活中行走、起立、脱衣等都会产生静电，在企业的一些生产中也会产生静电，例如：石油化工生产过程中，气体、液体、粉体的输送、排出，液体的混合、搅拌、过滤、喷涂，固体的粉碎、研磨，粉尘的混合、筛分等，都会产生静电，有时静电电压高达数万伏。"

 静电的特点

"我们再看看静电有什么特点，便于我们更透彻地了解静电。

（1）静电电量少而电压高。企业在生产工艺过程中局部范围内产生的静电，一般电量很小，但这样小的静电量，在一定的条件下会形成很高的静电电压。高静电电压容易产生火花，可能引起火灾或爆炸事故。这一特点就必须引起我们的警惕。

（2）高压静电容易放电。当静电积累到一定程度形成高压时，则会发生放电现象。静电放电是静电消失的主要途径之一，一般有电晕放电、刷形放电和火花放电三种形式。较强的电晕放电有'嘶嘶'声和淡紫色光，刷形放电伴有'啪啪'的响声，火花放电有短促的爆裂声和明亮的闪光。我们可以利用静电放电的特点，采取有效措施避免静电积累，就能防止静电放电。

（3）绝缘体上的静电消失很慢。绝缘体对其上的电荷的束缚力很强，如不经放电其上电荷消失很慢。

（4）静电具有感应作用。所谓静电感应，就是静电场中的金属导体表面的不同部位感应出不同的电荷，或者导体上原有的电荷经感应后重新分布的现象。由于静电感应，不带电的金属导体可以变成带电导体，即不带电的导体可以发生感应起电。

（5）静电可以屏蔽。导体在静电场中达到平衡时，其空腔电场强度为零，因此，空腔导体在静电场中达到平衡时，其空腔内的电场强度为零。如果空腔导体的空腔内有电荷，且其外表面接地，则外表面上的感应电荷泄入大地，导体外部场强为零。这两种都叫做静电屏蔽。在爆炸危险场所，可利用静电屏蔽原理防止静电的危害。"

"刘师傅，从静电的特点可以看出静电还是有一定的危害的吧？"

静电的危害

"静电，看起来不起眼，发起威来确实很厉害。我们就看看静电的危害。

静电产生的危害主要有三种：①对人体的电击；②影响产品的质量；③引起火灾爆炸。

静电的电击有可能发生在人体接近或接触带有静电电荷的物

体时，也有可能是人体带有了静电电荷，当人体接近或接触接地体时，发生静电对人体的电击。尽管有时候静电的电压很高，但是由于静电的带电量很少，所以一般静电对人体的电击不会直接使人致命，但人体可能会因为静电的电击引起高空坠落、摔倒、对设备的误操作等不正常行为而造成二次伤害。而二次伤害的程度有时候是很大的，所以静电对人体的电击也必须引起我们电工们的关注。

在某些行业，生产过程中产生的静电会使粉体物质吸附在设备上，直接影响粉体的过滤或输送。在化工行业，某些物料在管道输送或灌罐的过程中，常会因静电的存在发生物料结块、熔化成团，造成管路堵塞；在电子行业中，某些生产电子产品的芯片因静电的影响引起产品损坏而无法正常工作。更有甚者，静电的存在引起电子组件误动作，使某些计算机之类控制的设备工作失常或误动作而造成更大事故。印刷业在印刷品在印刷的过程中，会因静电的积累导致印刷错误或无法印刷。

特别是在某些行业，静电更是造成火灾、爆炸的根源。静电的电压很高，当对其他物体放电时就会产生静电火花。在有可燃液体的场所（如可燃液体的生产、输送、运装）就可能会因为静电火花引起火灾；而在有气体、蒸气爆炸性混合物或粉尘纤维爆炸性混合物的场所（如氧、乙炔、煤粉、铝粉、面粉）就有可能会因为静电火花引起爆炸。"

"刘师傅，刚才听您这么一介绍，才知道静电的危害真的挺大呀！我们平时工作中怎么样才能预防静电的危害？"

静电的预防措施

"我们预防静电的危害主要有三个措施：①控制静电场所的危险程度；②减少静电荷的产生；③减少静电荷的积累。"

刘师傅刚讲到这里，小张插了一句："刘师傅，您讲的第一条是要控制静电的危险程度，那我们如何有效控制静电场所的危险程度?"

1. 控制静电场所的危险程度

"静电放电及静电火花产生,它的周围存在可燃物才是造成静电火灾和爆炸的最基本条件,因此控制和消除现场的可燃物,就成为预防静电危害最重要措施。要做到这点,具体有三个措施:

(1)用不易燃烧物代替可燃烧物。在石化行业的许多企业中,都要大量地使用有机溶剂和易燃液体(如汽油、柴油、甲苯等)作为设备上的洗涤剂,而这些闪点很低的液体在常温、常压下很容易和空气形成爆炸混合物,再遇到静电火花,就会造成火灾爆炸事故,如果能在一些工艺允许的前提下使用不可燃的液体(如磷酸三钠、碳酸钠、水玻璃、水溶剂)来替代那些易燃液体就能大大降低静电火花产生的火灾或爆炸。

(2)降低爆炸性混合物在空气中的浓度。刚才提到一些闪点很低的液体在常温、常压下很容易和空气形成爆炸性混合物,再遇到静电火花,就会造成火灾爆炸事故。而这种爆炸性混合物在空气中的浓度只有达到一定的限度时才会发生爆炸,我们可以控制这种爆炸性混合物在空气中的浓度,不让它达到能爆炸的浓度。要控制这种爆炸性混合物在空气中的浓度,首先是加强设备的维护和检查,杜绝易燃、易爆液体、物体在设备或管道中的泄漏。再有就是加强通风以减少易燃易爆混合物在空气中的浓度。

(3)减少氧含量以及采用强制性通风措施。在生产工艺允许的前提下,整个生产过程最好采取封闭性的生产工艺,这样在封闭的环境里可以使用惰性气体取代或减少空气中的氧气含量,一般空气中的氧气含量低于8%时,就不会使可燃物引起燃烧或爆炸。

如果生产工艺不能采用封闭生产的时候,在生产现场可以采用强制性的通风措施以减少空气中可燃物质的含量浓度。"

"刘师傅,那我们如何减少静电荷的产生呢?"

2. 减少静电电荷的产生

"静电电荷的产生，一般来说是不可避免的，但是我们尽可能要它少出现，一般来说有下面几个措施：

（1）对于相互接触后容易产生静电的物料，在使用的选择上要注意组合，选用相互之间不易产生静电的材料，以求达到产生静电最小的程度。

（2）在生产工艺的设计上，使其在生产的整个过程中，对有关的物料尽量做到相互间接触面积和压力较小、接触次数要少、相对运动要慢。这样在生产规程中产生的静电会少一些。

（3）企业的生产设备、物料的储存容器尽可能采用静电导体或静电的亚导体材料，避免采用静电的非导体材料，这样有利于静电的流散。"

3. 减少静电电荷的积累

"最后我们再说说减少静电荷积累措施。

（1）静电接地。对生产设备、输送管道、储存容器进行良好地接地，这是消除静电积累的最有效、最简单也是现场最常用的方法。"

"刘师傅，都有哪些地方需要做防护静电的接地？"

"在生产加工、储运过程中，设备、管道操作工具上及人体上等，有可能产生和积累静电而造成静电危害的部位，都应采取静电接地措施。

具体说，以下这些设备或部位都需要静电接地：

1）凡用来加工、储存、运输易燃液体、可燃气体、可燃粉尘的设备、管道，如油罐、储气罐、运输管道装置等均须接地。

2）注油漏斗、浮顶油罐罐顶、工作站台、磅秤、金属检尺等辅助设备均应接地。体积大于 $50m^3$、直径大于 2.5m 以上的立式罐，应在罐体两侧对应处两点分别接地，两接地点沿罐体外围相互距离不大于 30m，且不应在进液体或进料口附近。

3）工厂和车间的氧气、乙炔气等易燃气体的管道必须连成一个整体，并予以多点接地。其他有可能产生静电的设备管道，如油料储运设备、空气压缩机、通风装置及其管道，特别是局部排风的空气管道，都必须连成一个整体并多点接地。

4) 移动的设备，如汽车槽车、火车罐车、油轮、手推车以及移动式容器，在安全场所停泊、停留处装设专用的接地接头，如鳄式夹钳、固定螺栓等，使移动设备能良好接地，防止移动设备的静电积累。汽车槽车上应装设专用接地软铜带，牢固地连接在槽车上并垂挂到地面，便于汽车行走时泄漏静电电荷。

5) 金属采样器、检尺器、测温器均应经导电性绳索接地。

在进行静电接地时，必须要注意下面这些部位的接地：①安装在设备内部而平时从外部不能进行检查的导体；②安装在绝缘物体上的金属部件；③与绝缘物体同时使用的导体；④表面被涂料或粉体绝缘的导体；⑤容易腐蚀而造成接触不良的导体；⑥在液面上悬浮的导体。"

"我们工作中把上面讲的这些部位都进行静电接地，可以了吧？"

"有些时候也不需要做专门的防静电接地（计算机和电子仪器除外），例如：

1) 当金属导体已与防雷、电气保护、电磁屏蔽等接地系统有电气连接时。

2) 当埋进地下的金属结构物体、金属管线、建筑物体的钢筋等金属导体有紧密的机械连接时。

3) 当金属管段已做阴极保护时。"

"刘师傅，静电的接地和一般的电气接地方式一样吗？"

"不太一样，需要进行静电接地的物体、部位应根据物体的类型采取下面不同的接地方式：①静电导体应采用金属导体进行直接接地；②人体与移动的设备应采用非金属导电材料或防静电材料以及防静电制品进行间接静电接地；③静电非导体除应间接静电接地外，还需要配合其他的防静电措施。"

"刘师傅，一般的电气设备接地对接地电阻都有要求，这里的静电接地也一定有要求吧。"

"当然有要求，不过不像电气设备接地要求那么严格。静电接地系统的接地电阻值不应大于 $10^6\Omega$；专设的静电接地体对地电阻值不大于 100Ω；在山区等土壤电阻率较高的地区，其对地电阻值应不大于 1000Ω。

在静电接地的连接方式上要采用以下几种方法：①固定设备宜用螺栓连接；②有振动、位移的设备、物体，应采用柔性连接；③移动式设备及工具，应采用电瓶夹头、鳄鱼夹钳、专用连接夹头等用具连接，不应采用接地体与被接地体之间相互缠绕的方式接地。

另外在静电接地连接的工艺上应符合下面的要求：①当采用搭接焊连接时，其搭接长度必须是扁钢宽度的 2 倍或圆钢直径的 6 倍；②当采用螺栓连接时，其金属接触面应除锈、除油垢，并加防松垫片；③当采用电池夹头、鳄鱼夹钳等用具连接时，相关部位也应除锈、除油垢。

（2）增加湿度。在有静电危险环境里增加现场的湿度，也是减少静电积累的一个措施。"

"刘师傅，现场增加湿度，不会对设备的绝缘油有影响吧，具体要怎么做？"

"在现场采用增湿器、喷水、蒸汽、高湿度空气或者在静电非导体表面或周围洒水的方法，提高现场环境的湿度，现场的湿度大了才会使静电电荷易于泄漏，难以积累。

（3）抗静电剂。任何物体都带有本身的静电荷，这种电荷可以是负电荷也可以是正电荷，静电荷的聚集会使生活或者工业生产受到影响甚至危害，我们要做的就是消除这种危害，而抗静电添加剂是一种表面活性剂，在绝缘材料中掺杂一定量的抗静电添加剂就会增大改材料的导电性和亲水性，使得绝缘材料导电性能增加，体表绝缘性能降低，表面电阻率下降，促进绝缘材料表面

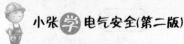

的静电电荷导走。"

"刘师傅，再详细地讲讲抗静电剂的应用吧。"

"为了更好地发挥抗静电剂的作用，一般情况下：在非导材料、器具的表面通过喷、涂、镀、敷、贴等工艺附加上一层活性剂，以增加其表面的导电系数，加速静电电荷的漏泄；在橡胶、塑料、防腐等非导电材料中掺加微量的导电物质粉末，以增加其带电性；在布匹、地毯等编织品中，掺入一些导电性的纤维，如金属丝，以改变编织品的抗静电性能；在易于产生静电的液体内加入一些化学药品，作为抗静电添加剂，用来改善液体的导电性能。

（4）静电消除器。静电消除器是利用空气电离产生大量正负电荷，并用风机将正负电荷吹出，形成一股正负电荷的气流，将物体表面所带的电荷中和掉。当物体表面带负电荷时，它会吸引气流中的正电荷，当物体表面带正电荷时，它会吸引电流中的负电荷，从而使物体表面上的静电被中和，达到消除静电的目的。

静电消除器按照它的工作原理可分为感应式静电消除器、外接电源式静电消除器和放射线式静电消除器。

我们在使用静电消除器时更应该注意正确使用，要注意这么几点：

（1）必须正确选择。在爆炸危险场所应选择外接电源式的防爆静电消除器，其他型式的静电消除器在这个场所是不太适用的。

（2）必须正确安装。静电消除器的安装地点要靠近产生静电的设备或部位，同时静电消除器与其他带电体的距离要小于这个距离，但是当静电消除器与静电源之间的距离不足 5m 时，静电消除器应靠近静电源一侧。多台静电消除器安装时注意不能相互干扰。

（3）必须正确使用。应按照静电消除器使用说明书的要求及有关资料，制定静电消除器的操作规程及注意事项，使用前应对使用静电消除器的人员进行使用培训。

（4）必须及时维护。为使静电消除器能正常工作，在日常工作中就必须经常检查、及时维护，保持静电消除器表面的清洁，发现问题及时处理。"

"上面咱们讲了许多静电防护的总要求，咱们厂二车间使用的原料就是固体的颗粒，这在防静电方面有具体的要求吗?"

 固体原料静电防护的具体措施

"固体原料在生产、储运、保管的过程中除了前面讲过的措施外，在采用静电接地防护时，还特别要注意下面几点：

（1）静电亚导体与金属导体相互连接时，紧密接触面积应大于 $20cm^2$。

（2）采用螺纹及法兰连接的配管管路之间有静电的导通性，所以一般不用另外装设跨接连线，若连接中间有非导电物隔离时，应装设跨接连线；对于室外安装的架空配管管路，在可能产生静电感应的场所同样应装设跨接连线并将跨接连线接地。

（3）防静电接地线不得利用电源的零线，也不得与防雷地线共用。

（4）在进行间接接地时，可在金属导体与静电亚导体或静电非导体之间加装金属箔，或涂导电涂料、导电膏以降低其接触电阻。

（5）油罐汽车在装卸过程中应采用专用的接地导线进行接地，同时用专用线夹和接地端子将油罐汽车与装卸设备连接在一起。接地线的连接应在装卸工作开始前完成，接地线的拆除应在装卸工作全部结束罐车封闭罐盖之后进行。

（6）在振动或移动频繁的设备或器材上的接地线，禁止使用单股硬导线，应使用截面大于 $6mm^2$ 的软裸绞线。

你们除了应该掌握固体原料静电防护的具体措施外，对液态和气（粉）态物料的静电防护措施也应有所了解，下面就分别和你们介绍这方面的内容。"

液态物料的静电防护措施

"(1)控制烃类液体灌装时的流速。灌装铁路罐车时，液体在鹤管内的容许流速按下式计算

$$vD \leqslant 0.8$$

式中　v——烃类液体流速，m/s;

　　　D——鹤管内径的数值，m。

鹤管装车出口流速可以超过按上式所得计算值，但不得大于5m/s。

灌装汽车罐车时，液体在鹤管内的容许流速按下式计算

$$vD \leqslant 0.5$$

(2)在液体的输送和灌装过程中，应防止液体的飞散喷溅，从底部或上部入罐的注油管末端应设计成不易使液体飞散的倒T形等形状或另加导流板，或在上部灌装时使液体沿侧壁缓慢下流。

对罐车等大型容器灌装烃类液体时，宜从底部进油。

若不得已采用顶部进油时，其注油管宜伸入罐内离罐底不大于200mm。在注油管未浸入液面前，其流速应限制在1m/s以内。

(3)烃类液体中应避免混入其他不相容的第二物相杂质（如水等），并应尽量减少和排除槽底和管道中的积水。当管道内明显存在其他不相容的第二物相杂质时，其流速应限制在1m/s以内。

在贮存罐、罐车等大型容器内，可燃性液体的表面，不允许存在不接地的导电性漂浮物。

当液体带电荷很多时，例如在精细过滤器的出口，可先通过缓和器后再输出进行灌装。带电液体在缓和器内停留时间，一般

可按缓和时间的 3 倍来设计。

（4）烃类液体的检尺、测温和采样。设备在灌装、循环或搅拌等工作过程中，禁止进行取样、检尺或测温等现场操作。在设备停止工作后，需静置一段时间（$10\sim50\,m^3$ 容器，$10\sim15\,min$）才允许进行上述操作。

对油槽车的静置时间为 $2\,min$ 以上。

对金属材质制作的取样器，测温器及检尺等在操作中应接地。有条件时应采用具有防静电功能的工具。

取样器、测温器及检尺等装备上所用合成材料的绳索及油尺等，其单位长度电阻值应为 $1\times10^5\,\Omega/m$ 或表面电阻和体电阻率分别低于 1×10^{10} 及 $1\times10^8\,\Omega\cdot m$ 的静电亚导体材料。

在设计和制作取样器、测温器及检尺装备时，应优先采用红外、超声等原理的装备，以减少静电危害产生的可能。

在可燃的环境条件下灌装、检尺、测温、清洗等操作时，应避开可能发生雷暴等危害安全的恶劣天气，同样强烈的阳光照射可使低能量的静电放电造成引燃或引爆。

（5）在烃类液体中加入防静电添加剂，使电导率提高至 $250\,pS/m$ 以上。当在烃类液体中加入防静电添加剂来消除静电时，其容器应是静电导体并可靠接地，且需定期检测其电导率，以便使其数值保持在规定要求以上。

（6）当不能以控制流速等方法来减少静电积聚时，可以在管道的末端装设液体静电消除器。

（7）当用软管输送易燃液体时，应使用导电软管或内附金属丝、网的橡胶管，且在相接时注意静电的导通性。

（8）在使用小型便携式容器灌装易燃绝缘性液体时，宜用金属或导静电容器，避免采用静电非导体容器。对金属容器及金属漏斗应跨接并接地。

（9）容器的清洗过程应该避免可燃的环境条件，并且在清洗后静置一定时间才可使用。"

气（粉）态物料的静电防护措施

"气（粉）态物料的静电防护措施如下：

（1）在工艺设备的设计及结构上应避免粉体的不正常滞留、堆积和飞扬，同时还应配置必要的密闭、清扫和排放装置。

（2）粉体的粒径越细，越易起电和点燃。在整个工艺过程中，应尽量避免利用或形成粒径在 $75\mu m$ 或更小的细微粉尘。

（3）气流物料输送系统内，应防止偶然性外来金属导体混入，成为对地绝缘的导体。

（4）应尽量采用金属导体制作管道或部件。当采用静电非导体时，应具体测量并评价其起电程度。必要时应采取相应措施。

（5）必要时，可在气流输送系统的管道中央，顺其走向加设两端接地的金属线，以降低管内静电电位。也可采取专用的管道静电消除器。

（6）对于强烈带电的粉料，宜先输入小体积的金属接地容器，待静电消除后再装入大型料仓。

（7）大型料仓内部不应有突出的接地导体。在顶部进料时，进料口不得伸出，应与仓顶取平。

（8）当筒仓的直径在 1.5m 以上时，且工艺中粉尘粒径多数在 $30\mu m$ 以下时，要用惰性气体置换、密封筒仓。

（9）工艺中需将静电非导体粉粒投入可燃性液体或混合搅拌时，应采取相应的综合防护措施。

（10）收集和过滤粉料的设备，应采用导静电的容器及滤料并予以接地。

（11）对输送可燃气体的管道或容器等，应防止不正常的泄漏，并宜装设气体泄漏自动检测报警器。

（12）高压可燃气体的对空排放，应选择适宜的流向和处所。对于压力高、容量大的气体如液氢排放时，宜在排放口装设专用的感应式消电器。同时要避开可能发生雷暴等危害安全的恶劣天气。"

 人体的静电防护措施

"人体的静电防护措施如下：

（1）在属于气体爆炸危险场所 0 区和 1 区，且可燃物最小点燃能量在 0.25mJ 及以下的场所或范围内，所有工作人员必须穿防静电服（鞋），戴防静电手套。当相对湿度保持在 50％以上时，工作人员可穿棉工作服。

（2）在具有静电危险场所的工作人员外露衣物（含衣服、鞋）应具备静电防护或导电功能。各部分穿着物（帽子、上衣、裤子、鞋袜等）应具有电气连接性，地面也应具备导电性能。

（3）禁止在静电危险场所穿脱衣帽等类似物体，同时应避免做剧烈的身体运动。

（4）防静电衣物所使用的材料表面电阻小于 $5\times10^{10}\Omega$，同时要符合国家的有关规定和标准。

（5）采用其他安全有效的局部静电防护措施，如腕带等。"

小张学电气安全(第二版)

第八章

触 电 急 救

第一节 触电急救的原则

"今天，我们学习触电急救。"刘师傅走进来说道。

"刘师傅，看到您写的题目，我就想到如果真的有人发生了触电事故，我们应该怎么办。"

"如果在现场发生了有人触电事故，首先就是立即进行触电急救。"

"对于现场的工人来说，怎样进行触电急救？"小张接着问道。

"触电急救的基本原则就是动作迅速、方法正确，竭尽全力、持之以恒。"

动作迅速、方法正确

"我们先看动作迅速、方法正确。当发现有人触电，首先要使触电者迅速脱离电源，越快越好，因为电流作用的时间越长，伤害越重"。

"怎样使触电者脱离电源？在脱离电源时有什么要求吗？"

"脱离电源就是要把触电者接触那一部分带电设备的断路器、隔离开关或其他断路设备断开，或设法使触电者与带电设备脱离。在使触电者脱离电源的过程中，施救者既要救人，更要注意保护好自己。

触电者未脱离电源前，救护人员不准直接用手触及伤员，因为有触电的危险。

如触电者处于高处，脱离电源后会自高处坠落，因此，要采取预防坠落的措施。

触电者触及低压带电设备，救护人员应设法迅速切断电源，如拉开电源断路器或隔离开关，拔除电源插头等；或使用绝缘工具或干燥的木棒、木板、绳索等不导电的东西解脱触电者，也可抓住触电者干燥而不贴身的衣服，将其拖开，切记要避免碰到金属物体和触电者的裸露身躯；也可戴绝缘手套或将手用干燥衣物等包起绝缘后解脱触电者。救护人员也可站在绝缘垫上或干木板上，保护好自己再进行救护。如果电流通过触电者入地，并且触电者紧握电线，可设法用干木板塞到身下，与地隔离，也可用干木把斧子或有绝缘柄的钳子等将电线剪断。剪断电线时要分相进行，一根一根地剪断，并尽可能站在绝缘物体或干木板上。"

"刘师傅，如果是低压触电还好处理，那如果是高压触电，我们在现场应怎么办？"

"触电者触及高压带电设备，救护人员应迅速切断电源，或用适合该电压等级的绝缘工具（戴绝缘手套、穿绝缘靴并用绝缘棒）解脱触电者。救护人员在抢救过程中应注意保持自身与周围带电部分必要的安全距离。

触电发生在架空线杆塔上时，如系低压带电线路，且可立即切断线路电源的，应迅速切断电源，或者由救护人员迅速登杆，束好自己的安全皮带后，用带绝缘胶柄的钢丝钳、干燥的不导电物体或绝缘物体将触电者拉离电源。如系高压带电线路，又不可能迅速切断电源开关的，可采用抛挂足够截面的适当长度的金属短路线方法，使电源开关跳闸。抛挂前，将短路线一端固定在铁塔或接地引下线上，另一端系重物，但抛掷短路线时，应注意防止电弧伤人或断线危及人员安全。不论是何级电压线路上触电，救护人员在使触电者脱离电源时要注意防止发生高处坠落的可能和再次触及其他有电线路的可能。杆塔上或高处触电者放下方法如图 8-1 所示。

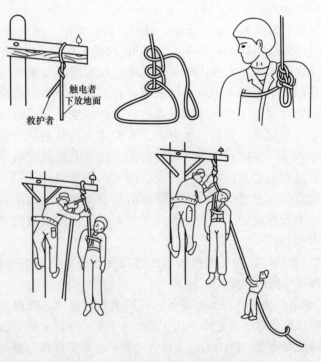

图 8-1　杆塔上或高处触电者放下方法

如果触电者触及断落在地上的带电高压导线，且尚未确证线路有无电压，救护人员在未做好安全措施（如穿绝缘靴或临时双脚并紧跳跃地接近触电者）前，不能接近断线点至 8～10m 范围内，防止跨步电压伤人。触电者脱离带电导线后也应迅速带至 8～10m 以外后立即开始触电急救。只有在确证线路已经无电，才可在触电者离开触电导线后，立即就地进行急救。

救护触电伤员切除电源时，有时会同时使照明失电，因此应考虑事故照明、应急灯等临时照明。新的照明要符合使用场所防火、防爆的要求，但不能因此延误切除电源和进行急救。"

竭尽全力、持之以恒

　　"我们再来看竭尽全力、持之以恒。当通过人体的电流较小时，仅产生麻感，对机体影响不大。当通过人体的电流增大，但小于摆脱电流时，虽可能受到强烈打击，但尚能自己摆脱电源，伤害可能不严重。当通过人体的电流进一步增大，至接近或达到致命电流时，触电人会出现神经麻痹、呼吸中断、心脏跳动停止等征象，外表上呈现昏迷不醒的状态。这时，不应该认为是死亡，而应该看做是假死，并且迅速而持久地进行抢救。

　　以前就有触电者经 4h 或更长时间的人工呼吸而得救的事例。有资料指出，触电后 3min 内开始救治者，90％有良好效果；触电后 6min 开始救治者，10％有良好效果；而触电后 12min 开始救治者，救活的可能性很小。由此可知，动作迅速是非常重要的。

　　救治时，必须采用正确的急救方法。施行人工呼吸和胸外心脏按压的抢救工作要坚持不断，切不可轻率停止，运送触电者去医院的途中也不能中止抢救。在抢救过程中，如果发现触电者皮肤由紫色变红，瞳孔由大变小，则说明抢救收到了效果；如果发现触电者嘴唇稍有开、合，或眼皮活动，或喉嗓门有吞咽东西的动作，则应注意其是否有自主心脏跳动和自主呼吸。触电者能自主呼吸时，即可停止人工呼吸。如果人工呼吸停止后，触电者仍不能自主呼吸，则应立即再做人工呼吸。急救过程中，如果触电者身上出现尸斑或身体僵冷，经医生做出无法救活的诊断后方可停止抢救。"

第二节　触电急救的方法

　　"触电急救除了刚才讲过的方法外，在安全规程里也做出了明确的规定，就是每个从事电气工作人员都要学会触电急救，特别是心肺复苏法。"

　　"我们都要学会心肺复苏法吗?"

"从事电气工作的每个人都要学会心肺复苏法。"说着，刘师傅从柜子里拿出一个模拟假人来。

接着说："我就以这个模拟人为例，详细给你们讲一下心肺复苏法的操作过程。"说着刘师傅边说边做。

 单人操作

"心肺复苏法单人操作方法如下：

1. 判断患者有无意识与反应

判断患者有无意识与反应时，轻拍患者肩部，并高声呼叫：'喂！你怎么啦？'患者如无反应，立即拨打急救电话120。如现场只有一名抢救者，应同时高声呼救、寻求旁人帮助。

2. 将患者置于复苏体位

如患者是俯卧或侧卧位，迅速跪在患者身体一侧，一手固定其颈后部，另一手固定其一侧腋部（适用于颈椎损伤）或髋部（适用于胸椎或腰椎损伤），将患者整体翻动，成为仰卧位，即头、颈、肩、腰、髋必须同在一条轴线上，应同时转动，避免身体扭曲，以防造成脊柱脊髓损伤，如

图8-2　放置伤员

图8-2所示。患者应仰卧在坚实的平面，而不应是软床或沙发；头部不得高于胸部，以免脑血流灌注减少而影响心肺复苏的效果。

3. 开放气道

当心脏搏动停止后，全身肌肉张力下降，咽部肌张力下降，导致舌后坠，会造成气道梗阻。如将下颌向前推移，可使舌体离开咽喉部，同时头部后伸可使气道开放。如发现口腔内有异物，如食物、呕吐物、血块、脱落的牙齿、泥沙、假牙等，均应尽快清理，否则也可造成气道阻塞。无论选用何种开放气道的方法，

194

均应使耳垂与下颌角的连线和患者仰卧的平面垂直，气道方可开放。在心肺复苏的全过程中，应使气道始终处于开放状态。"

"刘师傅，你在这里提到要打开气道，具体怎么做？"

刘师傅同样一边讲解一边示范。"常用开放气道方法如下：

（1）压额提颏法。如患者无颈椎损伤，可首选此法。站立或跪在患者身体一侧，用一手小鱼际放在患者前额向下压迫；同时另一手食、中指并拢，放在颏部的骨性部分向上提起，使得颏部及下颌向上抬起、头部后仰，气道即可开放。压额提颏法如图 8-3 所示。

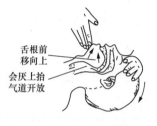

舌根前移向上

会厌上抬气道开放

图 8-3 压额提颏法

（2）双手拉颌法。如已发生或怀疑颈椎损伤，选用此法可避免加重颈椎损伤，但不便于口对口吹气。站立或跪在患者头顶端，肘关节支撑在患者仰卧的平面上，两手分别放在患者头部两侧，分别用两手食、中指固定住患者两侧下颌角，小鱼际固定住两侧颞部，拉起两侧下颌角，使头部后仰，气道即可开放。

（3）压额托颌法。站立或跪在患者身体一侧，用一手小鱼际放在患者前额向下压迫；同时另一手拇指与食指、中指分别放在两侧下颌角处向上托起，使头部后仰，气道即可开放。在实际操作中，此法优于其他方法，不仅效果可靠，而且省力、不会造成或加重颈椎损伤，而且便于做口对口吹气（见图 8-4）。

4. 判断有无呼吸

开放气道后，立即将一侧耳部贴近患者的口鼻部，通过一看、二听、三感觉来判断患者有无呼吸（见图 8-5）。判断时间不得超过 10s，并应以看为主。

一看：即用眼睛观察患者胸部有无起伏运动。

二听：即用耳朵听患者是否有呼吸。

三感觉：即用面颊感觉患者是否有气流呼出。

图8-4　压额托颌法

图8-5　看、听、试伤员呼吸

5. 口对口吹气

口对口吹气是一种快捷、有效的人工通气方法。空气中含氧气21%，呼出气体中仍含氧气约16%，可以满足患者的需要。如口腔严重损伤，不能口对口吹气时，可口对鼻吹气。

"刘师傅，能不能具体做给我们看看？"

"当然可以了。"说着，刘师傅俯下身，边讲边做（见图8-6和图8-7）。

"(1) 确定患者无呼吸后，立即深吸气后用自己的嘴严密包绕患者的嘴，同时用食指、中指紧捏患者双侧鼻翼，缓慢向患者肺内吹气两次。吹时不要压胸部，如图8-8所示。

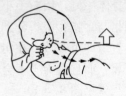

图8-6　口对口吹气

图8-7　口对鼻吸气

(2) 每次吹气量700～1000mL（或10mL/kg），每次吹气持续2s，吹气时见到患者胸部出现起伏即可。

(3) 如果只进行人工通气，通气频率应为10～12次/min。吹气过程中，应始终观察患者胸部有无起伏运动。吹气时如无胸部起伏或感觉阻力增加，应考虑到气道未开放或气道内存在异物阻塞。

（4）专业人员也可选择其他通气方式，如球囊面罩、气管插管等。

我们不是专业人员，球囊面罩、气管插管等其他通气方式只需了解一下即可。"

刘师傅又接着说："紧接下来就是进行胸外心脏按压了。这一步同样需先判断是否需要进行心脏按压。"

6. 判断有无颈动脉搏动

"非专业人员在进行心肺复苏时，不再要求通过检查颈动脉是否搏动，但对于专业人员仍要求检查脉搏，以确定循环状态。检查脉搏应用食指、中指触摸颈动脉（位于胸锁乳突肌内侧缘），如图 8-8 所示，而绝不可选择桡动脉。检查时间不得超过 10s。如不能确定循环是否停止，应立即进行胸外心脏按压。

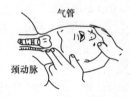

图 8-8　触摸颈动脉搏

7. 胸外心脏按压

胸外心脏按压是重建循环的重要方法，正确的操作可使心排血量达到正常时的 1/4～1/3、脑血流量可达到正常时的 30%，这就可以保证机体最低限度的需要了。

（1）按压原理。通过按压胸骨，使胸腔内压力增高，促使心脏排血。放松时，胸腔内压力降低，且低于静脉压，从而使静脉血回流于右心，即胸泵原理。另外，心脏受到直接挤压也产生排血。放松时，心腔自然回弹舒张，使得静脉血回流于右心，即心泵原理。多数学者认为，胸外心脏按压能导致人工循环是这两种机制共同作用的结果。

（2）胸外心脏按压的方法。

1）操作时根据患者身体位置的高低，站立或跪在患者身体的任何一侧均可。必要时，应将脚下垫高，以保证按压时两臂伸直、下压力量垂直。

2）按压部位。按压部位原则上是胸骨下半部，如图 8-9 所

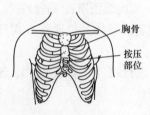

胸骨

按压
部位

图8-9 胸外按压位置

示。常用以下定位方法：

a) 用触摸颈动脉的食、中指并拢，中指指尖沿患者靠近自己一侧的肋弓下缘，向上滑动至两侧肋弓交汇处定位，即胸骨体与剑突连接处。

b) 另一手掌根部放在胸骨中线上，并触到定位的食指。

c) 将定位手的掌根部放在另一手的手背上，使两手掌根重叠。

d) 手掌与手指离开胸壁，手指交叉相扣。

快速测定按压部位如图8-10所示。

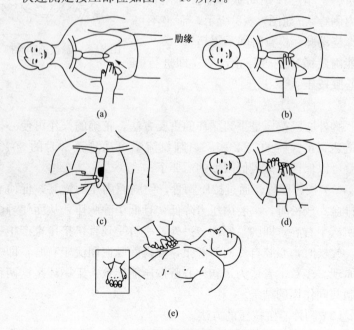

图8-10 快速测定按压部位

(a) 二指沿肋弓向中移滑；(b) 切迹定位标志；(c) 按压区；

(d) 掌根部放在按压区；(e) 重叠掌根

3）按压姿势。两肩正对患者胸骨上方，两臂伸直，肘关节不得弯曲，肩、肘、腕关节成一垂直轴面；以髋关节为轴，利用上半身的体重及肩、臂部的力量垂直向下按压胸骨。按压正确姿式如图 8-11 所示。"

"刘师傅，心脏按压也有标准和要求吧。"

"当然有标准了，主要有下面几点：

a）按压深度。一般要求按压深度达到 4~5cm，约为胸廓厚度的 1/3，可根据患者体型大小等情况灵活掌握，按压时可触到颈动脉搏动效果最为理想。

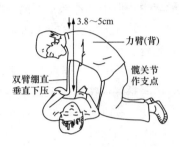

图 8-11 按压正确姿势

b）按压频率。100 次/min，不要小于 100 次/min。

c）按压比例。口对口吹气与胸外心脏按压的比例为 2：30，即每做 2 次口对口吹气后，立即做 30 次胸外心脏按压。单人操作为 2：30，双人操作为 1：15。"

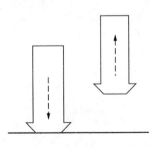

图 8-12 按压用力方式

刘师傅说完站了起来，小张就去学着做了几个心脏按压，刘师傅一看，就讲道："心脏按压也是有要求的，我们在学习做的时候要注意下面几点：

（1）确保正确的按压部位，既是保证按压效果的重要条件，又可避免和减少肋骨骨折的发生以及心、肺、肝脏等重要脏器的损伤。

（2）双手重叠，应与胸骨垂直。如果双手交叉放置，则使按压力量不能集中在胸骨上，容易造成肋骨骨折。按压用力方式如图 8-12 所示。

（3）按压应稳定、有规律地进行，不要忽快忽慢、忽轻忽重，且不要间断，以免影响心脏排血量。

（4）不要冲击式地猛压猛放，以免造成胸骨、肋骨骨折或重要内脏的损伤。

（5）放松时要完全，使胸部充分回弹扩张，否则会使回心血量减少，但手掌根部不要离开胸壁，以保证按压位置的准确。

（6）下压与放松的时间要相等，以使心脏能够充分排血和充分充盈。

（7）下压用力要垂直向下，身体不要前后晃动。正确的身体姿势既是保证按压效果的条件之一，又可节省体力。

（8）最初做口对口吹气与胸外心脏按压 4～5 个循环后，检查一次生命体征。以后每隔 4～5min 检查一次生命体征，每次检查时间不得超过 10s。

操作时，一定要规范，胸外心脏按压常见错误有按压用力不垂直、按压深度不够和双手位置没放对等（如图 8－13 所示）。"

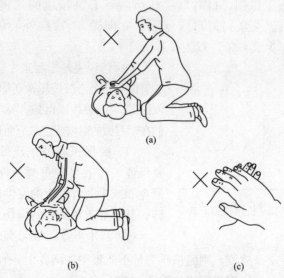

图 8－13　胸外心脏按压常见错误

（a）按压用力不垂直；（b）按压深度不够；（c）双手掌交叉位置

双人徒手操作

"刘师傅，刚才讲的是一个人在现场进行胸外心脏按压，如果现场有两个人时，应该怎么做？"

刘师傅说："双人徒手心肺复苏时，对患者的评估及基本操作与单人心肺复苏相同。一人做胸外心脏按压，另一人保持气道通畅及人工通气，并检查颈动脉搏动，评价按压效果（如图 8－14 所示）。按压频率 100 次/min，按压/通气比为 15：2。心肺复苏操作开始的第 1min 后检查一次生命体征，以后每 4～5min 检查一次，每次检查时间不得超过 10s。"

图 8－14 双人复苏法